本书编委会

主　编：梁　英
副主编：李学军　伍婵翠
编　委：黄　健　陈培博　周学奇　杨嘉雯　夏　强
　　　　王　晴　陈学佳

碳达峰碳中和简明教程

主　编◎梁　英

副主编◎李学军　伍婵翠

暨南大学出版社
JINAN UNIVERSITY PRESS

中国·广州

图书在版编目（CIP）数据

碳达峰碳中和简明教程 / 梁英主编；李学军，伍婵翠副主编. -- 广州：暨南大学出版社，2025. 6.
ISBN 978-7-5668-4190-2

Ⅰ．X511

中国国家版本馆 CIP 数据核字第 2025XX3928 号

碳达峰碳中和简明教程
TANDAFENG TANZHONGHE JIANMING JIAOCHENG
主　编：梁　英　副主编：李学军　伍婵翠

出 版 人：阳　翼
责任编辑：曾鑫华　彭琳惠
责任校对：林　琼
责任印制：周一丹　郑玉婷

出版发行：暨南大学出版社（511434）
电　　话：总编室（8620）31105261
　　　　　营销部（8620）37331682　37331689
传　　真：（8620）31105289（办公室）　37331684（营销部）
网　　址：http://www.jnupress.com
排　　版：广州尚文数码科技有限公司
印　　刷：广东信源文化科技有限公司
开　　本：787mm×960mm　1/16
印　　张：10
字　　数：182 千
版　　次：2025 年 6 月第 1 版
印　　次：2025 年 6 月第 1 次
定　　价：45.00 元

前　言

在全球气候治理加速演进与科技革命深度交织的背景下，中国"碳达峰、碳中和"战略已成为引领全球可持续发展的重要引擎。面对这场以绿色低碳为特征的新一轮产业变革，工科类高等院校不仅肩负着绿色技术创新的时代使命，还承担着培养具有全球视野和碳中和素养的新工科人才的历史重任。

本书基于教育部《加强碳达峰碳中和高等教育人才培养体系建设工作方案》要求，以工程教育认证标准为基准，创新性地构建了"科学认知—技术路径—工程实践"三位一体的递进式知识体系，旨在系统提升工科人才的绿色竞争力与可持续发展能力。

全书立足新工科建设需求，通过四大知识模块（第二至五章），构建了完整的碳中和通识教育框架：

第一章"绪论"介绍本书出版的时代背景和意义；第二章"温室气体、温室效应及全球变暖"系统阐释气候变化的科学机理与全球影响，奠定理论基础；第三章"碳达峰碳中和目标及国家自主贡献"深入解读"双碳"目标内涵、政策体系及国际实践，明晰国家战略路径；第四章"实现碳达峰碳中和的主要碳汇技术"介绍生物固碳、物理固碳、化学固碳等关键技术的工程应用；第五章"碳足迹"重点介绍碳足迹计算与全生命周期管理方法，培养工程实践中的低碳设计思维。

本书编写团队汇聚环境、材料领域的学者与一线教师，不仅注重知识的系统传授，而且强调绿色理念的深度浸润。我们期待工科生通过本书的学习养成"全生命周期碳管理"的系统思维，将低碳理念融入工程设计全流程；掌握碳汇技术原理，为能源、材料、交通等领域的低碳创新提供技术储备；强化使命担当，以专业能力响应国家战略，成为绿色转型的中坚力量。

站在人类文明可持续发展的历史节点，愿本书成为一把钥匙，助读者打开"碳达峰、碳中和"的知识之门，在未来的技术创新中，以工程智慧书写人与自然和谐共生的新篇章。

《碳达峰碳中和简明教程》编写组

2025 年 5 月 20 日

目　录

第一章 绪论

在 21 世纪的全球舞台上，气候变化已成为一个亟待解决的重大挑战，其深远影响已跨越国界，渗透至经济、社会、环境的各个层面。随着全球平均气温的持续攀升，冰川加速消融，极端天气事件频发，以及生态系统平衡出现微妙变化，人类社会正面临一个至关重要的历史转折点，亟须采取果断行动以减缓并最终逆转这一严峻趋势。在此背景下，碳中和作为应对气候变化的核心策略，无疑是实现可持续发展目标的必由之路。工科类高等院校作为技术革新的摇篮与人才培育的高地，承载着推动碳中和教育与科研的重要历史使命。

一、碳中和教育的时代呼唤

面对全球气候变暖的严峻现实，各国政府已纷纷将碳中和纳入国家发展战略，设定了明确的碳中和目标，旨在通过减少温室气体排放，实现经济与环境的双赢局面。中国作为世界上最大的发展中国家，已郑重承诺"力争于 2030 年前实现碳达峰，2060 年前实现碳中和"。这一宏伟蓝图是党中央经过深思熟虑作出的重大战略决策，不仅关乎中华民族的永续发展，还关乎人类命运共同体的未来。实现这一蓝图，需要对能源结构、工业生产、交通运输、农业林业等领域进行深刻变革，而这离不开碳中和理念与专业技能人才的支撑。因此，高等教育机构，特别是工科类高等院校，开展碳达峰碳中和通识教育，对培养未来社会绿色转型的中坚力量具有举足轻重的作用。

《教育部关于印发〈加强碳达峰碳中和高等教育人才培养体系建设工作方案〉的通知》（教高函〔2022〕3 号）明确提出，要基于碳达峰碳中和人才的通用能力和专业能力分析，加大碳达峰碳中和领域课程、教材等教学资源的建设力度。同时，最新的《工程教育认证标准（2024 版）》在毕业要求的第三条"设计/开发解决方案"中也明确规定，产品设计开发需充分考虑全生命周期成本与净零碳要求，这进一步凸显了工科类高等院校在碳中和教育中的重要作用。

二、本书定位与内容概览

本书正是在此背景下应运而生的，旨在为工科类高等院校的师生提供一本全面而深入的碳达峰碳中和学习指南，以满足工科类高等院校学生碳中和相关通用能力培养的迫切需求。本书内容紧密围绕国家碳达峰碳中和战略需求，采用通俗易懂的表述方式，旨在帮助读者构建起对碳达峰碳中和领域的系统性认知框架。主要内容包括：

（一）温室气体、温室效应及全球变暖

本书详细介绍温室气体的种类、来源、监测方法，以及大气中温室气体的浓度及变化趋势；阐述温室效应的概念、产生原理及其对全球环境的深远影响，为学生理解碳达峰碳中和奠定坚实基础。

（二）碳达峰碳中和目标及国家自主贡献

本书解析碳达峰碳中和的基本概念；阐述碳达峰碳中和目标的设定背景、重要性和紧迫性；介绍国际社会对碳达峰碳中和的共识、各国立场及实现时间表，分析实现碳达峰碳中和目标的机遇与挑战；概述我国碳达峰碳中和政策体系及实施措施，帮助学生理解国家层面的碳达峰碳中和战略部署。

（三）实现碳达峰碳中和的主要碳汇技术

本书详细介绍生物固碳、物理固碳和化学固碳等碳汇技术的原理、应用及发展前景，为学生提供碳汇技术领域的专业知识。

（四）碳足迹（Carbon Footprint）

本书阐述碳足迹的概念、计算方法及其在个人、企业和产品层面的应用，强调全生命周期管理对减少碳排放的重要性，引导学生树立全生命周期的碳管理理念。

三、教育意义与展望

本书不仅全面传授碳中和相关的理论知识与技术细节，还致力于激发学生的环保意识与责任感，使他们深刻认识到气候变化对全球生态系统和人类社会造成的深远影响，从而自觉承担起保护地球、减少碳足迹的历史重任。我们期望通过本书在学生心中播下绿色发展的种子，促使他们在未来的专业领域内，无论是工程设计、产品开发还是企业管理，都能自觉融入碳中和理念，共同推动社会经济的绿色转型。

本书不仅是对当前时代需求的积极响应，还是对未来可持续发展愿景的深情呼唤。它鼓励学生们站在人类与自然和谐共生的高度，思考如何通过自己的专业知识和创新能力，为解决全球气候变化问题贡献自己的力量。我们坚信，本书的引导能够激发更多学生的环保热情和创新潜能，使他们成为推动绿色转型的生力军。让我们携手共进，在这条通往碳中和的征途上，共同书写人类与自然和谐共生的新篇章，为实现全球可持续发展目标贡献我们的智慧和力量，共创一个更加绿色、低碳、可持续的美好未来。

第二章　温室气体、温室效应及全球变暖

第一节　温室气体

一、温室气体的种类

温室气体是指任何会吸收和释放红外线辐射并存在于大气中的气体。《京都议定书》中规定控制的 6 种温室气体为：二氧化碳、甲烷、氧化亚氮、氢氟碳化合物、全氟碳化合物以及六氟化硫。

（一）二氧化碳

二氧化碳的化学式为 CO_2，相对分子质量为 44.01，是一种直线型分子（见图 2 - 1）。CO_2 的熔点为 - 56.6 ℃（527 kPa），沸点为 - 78.5 ℃，在标准状况下密度大于空气密度，可溶于水。CO_2 的化学性质非常稳定，热稳定性很高，在自然界中不分解，不燃烧，且具有阻燃特性，是酸性氧化物。CO_2 具有很强的红外吸收特性（见图 2 - 2），是影响地球辐射平衡的首要温室气体，对温室效应的贡献率为 63% ~ 70%。

图 2 - 1　CO_2 分子结构示意图

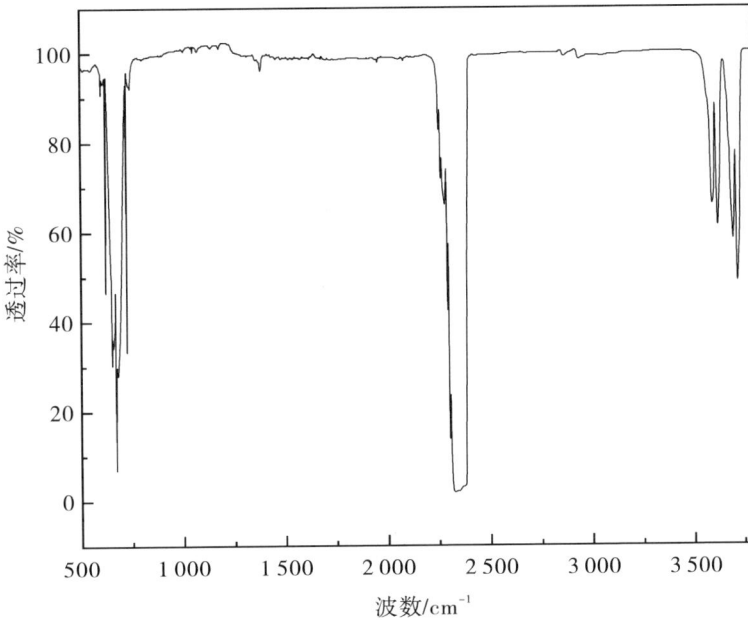

图 2 - 2 CO_2 的红外吸收光谱图

在高压和低温条件下，CO_2 能够从气态转变为固态，进而被制作成干冰。干冰具有易升华的特性，在升华时会吸收大量的热量。干冰的广泛用途包括：①作为消防灭火剂，干冰灭火器（即 CO_2 灭火器）是利用 CO_2 的阻燃特性制成的。②作为冷冻冷藏剂，干冰的温度低至 -78.5 ℃，能够迅速冷冻物体并降温，常用于维持物体的冷冻或低温状态，也被美容与医疗行业用作冷冻疗法的材料。③作为特殊清洗剂，低温的干冰能够使污物表面的油脂等凝结并收缩分离，从而达到清洁效果，在模具、印刷和船舶等行业具有独特的应用。④作为膨胀剂，干冰可用于制造具有中空蜂窝结构的泡沫塑料，并可用于"熨烫"烟草等。⑤作为人工降雨剂，干冰通过其显热效应和凝结核的作用，能够促使云层内的水汽凝结成水滴，从而实现人工降雨。⑥作为储能发电的工作介质，干冰吸收周围环境的热量后升华膨胀，推动发电机发电。

除了制成干冰后有广泛用途之外，CO_2 还可作为以下多种用途的原料或添加剂：①作为饮料添加剂，CO_2 用于制作碳酸饮料；②作为焊接保护剂，CO_2 在焊接过程中用于保护焊接表面并隔离氧气；③作为热泵冷媒，CO_2 可替代目前冰箱和热水器使用的大多数制冷剂；④作为化学工业原料，CO_2 可转化为糖、化肥、塑料以及药物等高价值化学品。

（二）甲烷

甲烷的化学式为 CH_4，相对分子质量为 16.05，是正四面体结构的非极性分子（见图 2-3）。CH_4 是无色、可燃、无毒的最简单的有机气体，熔点为 -182.5 ℃，沸点为 -161.49 ℃，对空气的重量比是 0.54，溶解度差，其红外吸收特性强（见图 2-4）。CH_4 是影响地球辐射平衡的第二大温室气体，对温室效应的贡献率为 18%～25%。

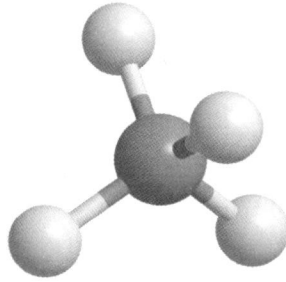

图 2-3　CH_4 分子结构示意图

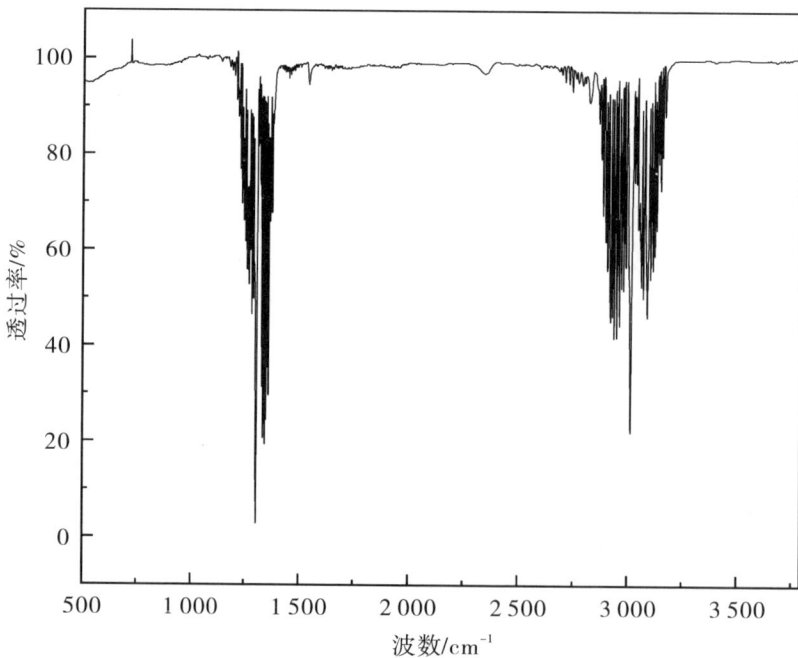

图 2-4　CH_4 的红外吸收光谱图

CH_4 是一种多功能的物质,其应用范围广泛,主要包括以下几个方面:①作为燃料,CH_4 被广泛应用于家庭烹饪(如煤气灶)、供暖系统、燃气炉灶、燃气车辆以及燃气发电机等领域。由于 CH_4 燃烧产生的污染气体相对较少,因此有助于降低空气污染。②作为化学原料,CH_4 在高温下分解得到的炭黑可用于制造颜料、油墨、油漆以及橡胶的添加剂等。CH_4 还可用于生产氢气、一氧化碳、乙炔、氢氰酸及甲醛等多种化学物质。③在太阳能电池领域,CH_4 被用作非晶硅膜气相化学沉积的碳源。④在医疗化工合成方面,CH_4 同样发挥着重要作用,可用于生产多种医疗化工合成原料。

此外,CH_4 在发电领域也有广泛应用,特别是在工业和商业领域。由于其高效和环保的特性,CH_4 发电比传统燃煤发电更受欢迎。CH_4 在自然界的分布很广,是天然气、沼气、油田气及煤矿坑道气的主要成分。

(三) 氧化亚氮

氧化亚氮的分子式为 N_2O,相对分子质量为 44.01,又称一氧化二氮,俗称笑气,为无色气体,是一种直线型分子(见图 2-5)。N_2O 微溶于水,溶于乙醇、乙醚和硫酸;密度为 1.977 kg/m^3,熔点为 -90.8℃,沸点为 -88.48℃。N_2O 具有较强的红外吸收特征(见图 2-6),是继 CO_2 和 CH_4 之后的第三大温室效应气体,造成的温室效应效果约为 CO_2 的 298 倍,对温室效应的贡献率约为 6%。

图 2-5 N_2O 分子结构示意图

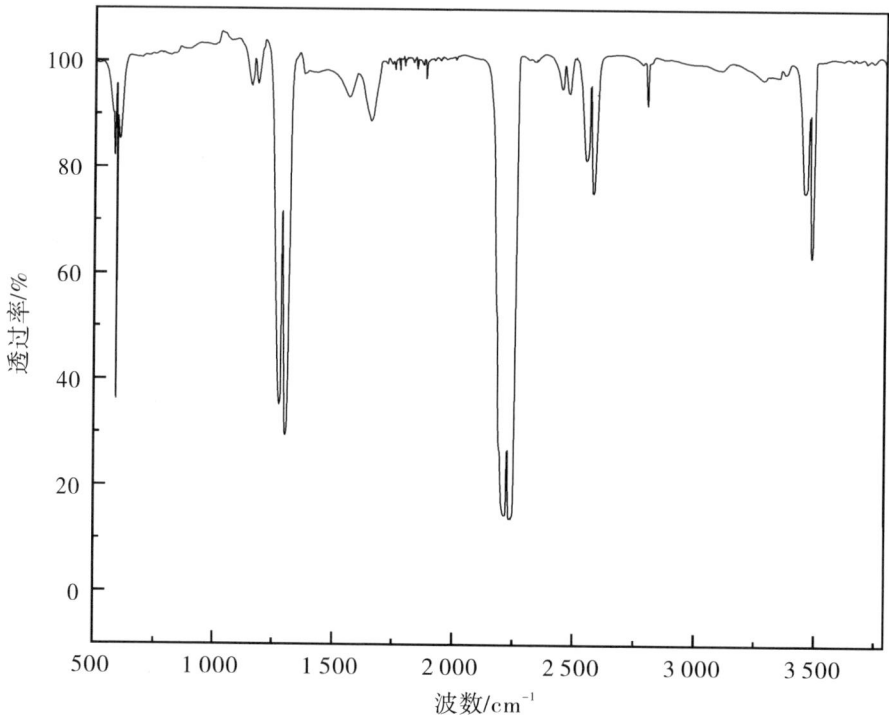

图 2 - 6　N$_2$O 的红外吸收光谱图

N$_2$O 具有多种用途，主要用作医学上的麻醉剂，尤其在治疗牙科疾病时使用。在牙科手术中，N$_2$O 通常与氧气混合使用，以维持病人的麻醉状态并保持清醒度。N$_2$O 也被用作工业上的标准气、制冷剂、助燃剂、防腐剂、烟雾喷射剂及化工原料。在电子工业中，高纯 N$_2$O 用于半导体光电器件的介质膜工艺。此外，N$_2$O 还用作火箭和赛车的氧化剂，能增加发动机输出功率。在食品行业中，N$_2$O 常用作发泡剂和密封剂。需要注意的是，N$_2$O 虽然具有多种用途，但也是危险化学品，长期吸入可能导致成瘾。

（四）含卤温室气体

含卤温室气体是指分子中含有卤族元素的一类温室气体，主要包括六氟化硫、全氟碳化合物、氯氟碳化合物、三氟化氮、氢氯氟碳化合物和氢氟碳化合物等。这些气体几乎完全由人工合成，并被广泛应用于制冷剂、发泡剂、喷雾剂、清洗剂、灭火剂以及绝缘材料等制造领域。含卤温室气体对温室效应的贡献率为 3% ~ 5%。

1. 六氟化硫

六氟化硫的分子式为 SF_6，相对分子质量为 146.06，是一种无机化合物，常温常压下为气体，具有无色、无臭、无毒、不燃的稳定特性，分子结构呈八面体排布（见图 2-7），熔点为 -50.8 ℃，沸点为 -63.8 ℃，红外吸收光谱如图 2-8 所示。六氟化硫具有良好的绝缘性能和消弧性能，在电力行业中被广泛用作断路器、高压开关、高压变压器、气封组合容器、高压输电线路、变压器等设备的灭弧介质。

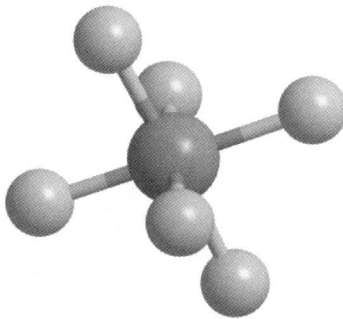

图 2-7　SF_6 分子结构示意图

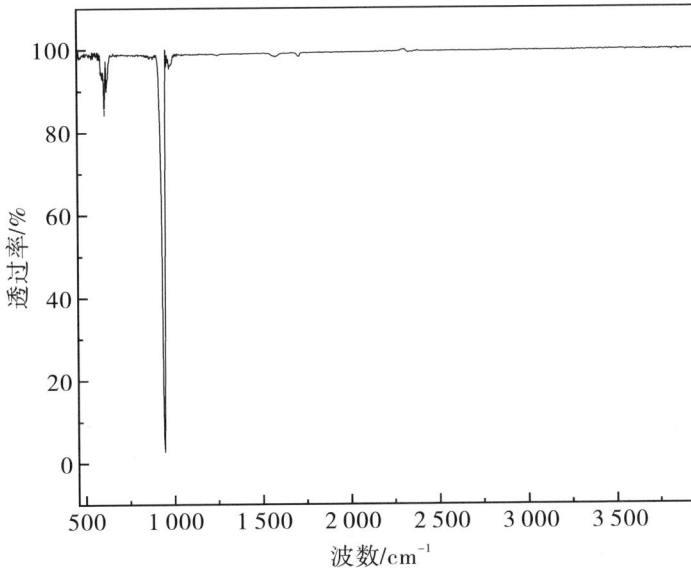

图 2-8　SF_6 的红外吸收光谱图

2. 全氟碳化合物

全氟碳化合物（Perfluorocarbons，缩写为 PFCs）是烃分子中的所有氢原子被氟原子取代而成的化合物。代表性物质为四氟化碳（分子式为 CF_4），其相对分子质量为 88.01，熔点为 −183.6 ℃，沸点为 −128.1 ℃，分子结构如图 2-9 所示。CF_4 分子具有较强的红外吸收特征（见图 2-10）。CF_4 具有化学稳定性、表面活性和优良的耐热性能，可用于各种集成电路的等离子体刻蚀工艺，还可用作激光气体、低温制冷剂、溶剂、润滑剂、绝缘材料以及红外检波管的冷却剂。

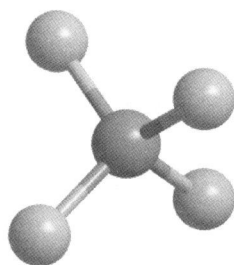

图 2-9　CF_4 分子结构示意图

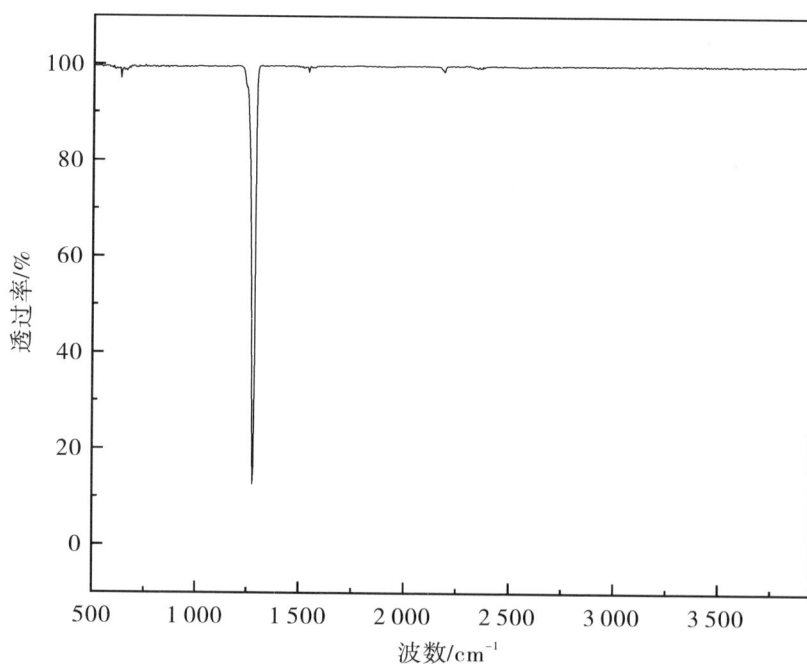

图 2-10　CF_4 的红外吸收光谱图

3. 氯氟碳化合物

氯氟碳化合物（Chlorofluorocarbons，缩写为 CFCs）又名氟氯烃，是一类只含有氯、氟和碳的有机物。常温下，CFCs 是无色气体或液体，易挥发，化学性质稳定。代表性物质为三氯氟甲烷（分子式为 CCl_3F），其相对分子质量为 137.36，熔点为 -111 ℃，沸点为 23.8 ℃，易燃，无毒，分子结构如图 2-11 所示。CCl_3F 分子具有较强的红外吸收特征（见图 2-12）。CFCs 属于氟利昂中的一类物质，最早于 20 世纪 30 年代被杜邦公司开发出来，用作制冷剂。

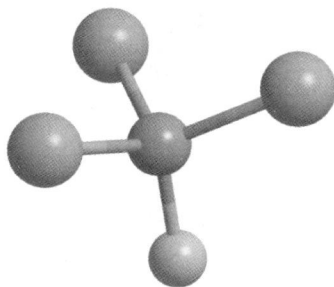

图 2-11 CCl_3F 分子结构示意图

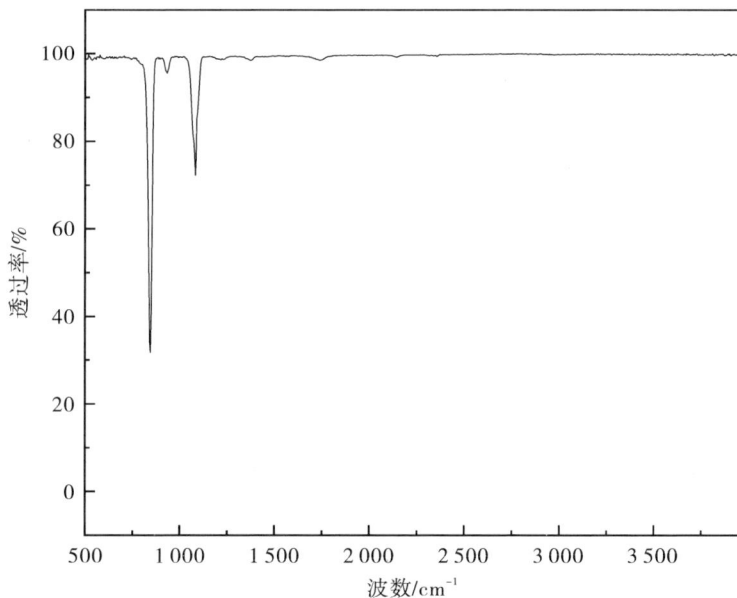

图 2-12 CCl_3F 的红外吸收光谱图

4. 三氟化氮

三氟化氮的分子式为 NF_3，常温常压下为无色气体，不溶于水，相对分子质量为 71.01，熔点为 $-206.8\ ℃$，沸点为 $-129.0\ ℃$，其分子结构如图 2-13 所示。NF_3 的红外吸收光谱图如图 2-14 所示。NF_3 主要被用作等离子体蚀刻气体和反应室清洁剂，适用于半导体芯片、平板屏幕、玻璃纤维、光伏电池等制造领域。

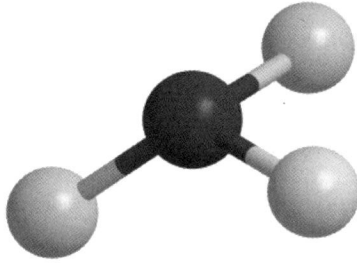

图 2-13　NF_3 分子结构示意图

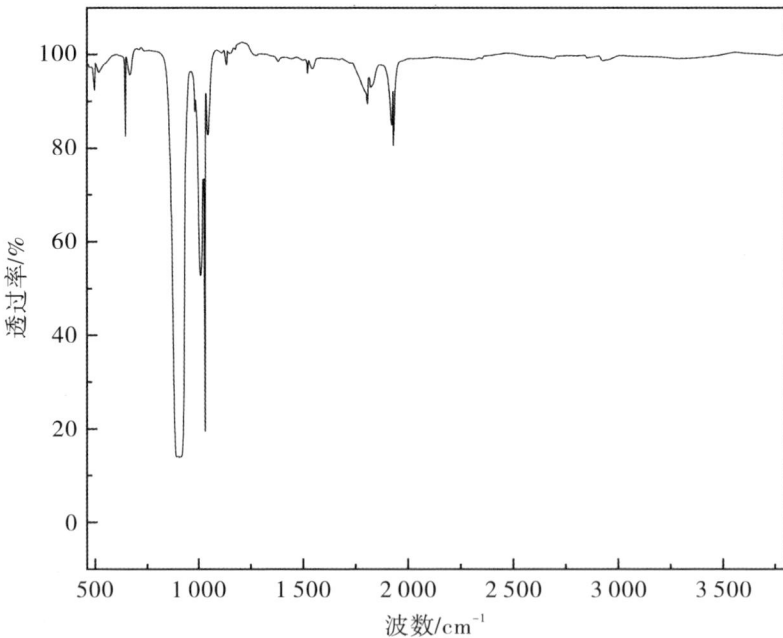

图 2-14　NF_3 的红外吸收光谱图

5. 氢氯氟碳化合物

氢氯氟碳化合物（Hydrochlorofluorocarbons，简称 HCFCs）是由氢、氯、氟和碳元素组成的有机化合物，其应用领域广泛，涵盖药物、材料科学和工业化学等。在工业上，HCFCs 常被用作冷冻剂、清洗剂以及灭火剂等，特别是在空调和冰柜中作为制冷剂发挥着重要作用。

6. 氢氟碳化合物

氢氟碳化合物（Hydrofluorocarbons，简称 HFCs）作为氢氯氟烃的替代品，广泛用作冰箱、空调的制冷剂和绝缘泡沫的生产，有助于减少对臭氧层的破坏。尽管氢氟碳化合物不含破坏地球臭氧层的氯或溴原子，但它们是一种极强的温室气体。

二、温室气体的主要来源

（一）CO_2 的主要来源

CO_2 的来源分为自然源和人为源两种。自然源包括动植物呼吸作用、岩浆海洋脱气以及生物腐败等；人为源是指人类活动造成的 CO_2 排放，包括化石燃料和生物质燃料燃烧、水泥生产、石灰生产等人类活动。人为源是大气中 CO_2 持续升高的主要来源。

1. 动植物呼吸作用

动植物呼吸作用是动植物在有氧条件及酶的作用下氧化分解体内有机化合物，产生 CO_2 和水的过程，可表示为：

$$C_6H_{12}O_6 + 6O_2 \xrightarrow{\text{呼吸}} 6CO_2 + 6H_2O$$

2. 岩浆海洋脱气

海底火山下面的岩浆在上升过程中的压力变化导致 CO_2 逸出，或者碳酸岩热解成 CO_2。CO_2 上升到海面，会进入大气中。

3. 生物腐败

生物中的大部分有机质在腐败过程中会被微生物分解，从而产生 CO_2，即

$$有机质 + O_2 \xrightarrow{\text{微生物好氧分解}} CO_2 + H_2O + \cdots\cdots$$

$$有机质 + H_2O \xrightarrow{\text{微生物厌氧分解}} CO_2 + CH_4 + \cdots\cdots$$

4. 化石燃料和生物质燃料燃烧

化石燃料和生物质燃料燃烧是人为排放 CO_2 的主要方式。化石燃料和生物质燃料中都含有碳，在燃烧过程中与空气中的氧气反应，生成 CO_2。

5. 水泥生产

水泥生产过程产生的 CO_2 主要源于石灰石分解过程和燃料燃烧过程。用于生产水泥的主要原料为石灰石，主要成分为碳酸钙（$CaCO_3$），其在高温下分解成氧化钙（CaO）和 CO_2。水泥生产过程以煤为主要燃料，燃烧过程中也会产生大量的 CO_2。

6. 石灰生产

采用石灰石（$CaCO_3$）制成生石灰（CaO）需经过高温煅烧，其可分解产生 CO_2，即

$$CaCO_3 \xrightarrow{\text{高温分解}} CaO + CO_2$$

（二）CH_4 的主要来源

CH_4 的来源也分为自然源和人为源，自然源主要来自湿地和白蚁，约贡献大气中 40% 的 CH_4；人为源包括畜禽养殖、水稻种植、垃圾填埋、化石燃料开采等，约贡献大气中 60% 的 CH_4。

1. 湿地

厌氧条件下，湿地中的有机物在微生物的作用下发酵产生 CH_4（见图 2 - 15）。

2. 白蚁

白蚁肠道内的原生动物在分解纤维素的同时产生 CH_4，并将其从体内排出。

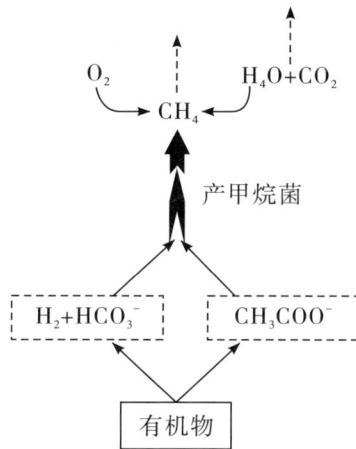

图 2 – 15 湿地中 CH_4 产生过程示意图

3. 畜禽养殖

畜禽的排泄物中含有丰富的有机质，它们在微生物的作用下分解，产生 CH_4。

4. 水稻种植

在淹水的条件下，稻田土壤中腐烂的植物体等有机物，在产甲烷菌的作用下分解，产生 CH_4。

5. 垃圾填埋

废弃物在微生物的作用下，经过发酵产生 CH_4。

6. 化石燃料开采

在石油和天然气的开采、生产和运输过程中会泄漏和释放出 CH_4。

（三）氧化亚氮的主要来源

氧化亚氮通过海洋、土壤、生物质燃料燃烧和化肥使用等自然源或人为源排入大气，自然源贡献约 57%，人为源贡献约 43%。

1. 海洋

深层海水缺氧水域下方沉积物中的 N_2O 在上升流的作用下上升到海面，并释放到大气中。

2. 土壤

在缺氧或微缺氧的环境中，土壤中的微生物通过氮氧还原酶的作用将硝酸盐还原为 N_2O。

3. 生物质燃料燃烧

生物质燃料中通常含有一定量的氮元素，当这些有机物燃烧时，氮元素与空气中的氧气发生反应，产生氮氧化物。

4. 化肥使用

在土壤中，氮肥（尤其是硝酸盐和铵盐）可以经过微生物的作用被还原为 N_2O。有机肥的分解也可能导致 N_2O 的产生。

（四）含卤温室气体的主要来源

含卤温室气体几乎完全由人工合成并排放，其主要来源包括：

1. 制冷和空调设备

CFCs 和 HCFCs 曾被广泛用作冰箱和空调系统的制冷剂。这些设备在运行、维修或报废处理过程中，一旦发生泄漏，就会将含卤温室气体释放到大气中。例如，家用空调、商用冷库、汽车空调等设备在长期的使用过程中，可能会因为密封件老化、管道破损等原因而造成制冷剂的泄漏。

2. 发泡剂

在一些泡沫塑料的生产过程中，CFCs 和 HCFCs 曾被用作发泡剂，特别是在生产聚氨酯泡沫时。但当这些泡沫塑料产品在生产、加工或使用过程中受到破坏时，其中的 CFCs 或 HCFCs 就可能被释放出来。

3. 金属冶炼

在铝冶炼过程中，尤其是使用电解法生产铝时，会产生 PFCs，这主要是电解质中的氟化物与碳阳极发生反应导致的。

在镁冶炼过程中，有时会使用 SF_6 作为保护气体。在生产过程中，SF_6 可能会随着废气被排放到大气中。

4. 电力设备

SF_6 具有优异的绝缘和灭弧性能，被广泛应用于高压开关设备、变压器等电力设备中，如高压变电站中的 SF_6 断路器、气体绝缘开关等设备。一旦这些设备在安装、运行、检修或报废处理过程中密封不严，SF_6 就会泄漏到大气中。

5. 半导体制造

半导体行业在制造集成电路等产品时，会使用一些含氟的特种气体。例如，在晶圆的制造过程中，刻蚀、沉积等工艺所使用的含氟特种气体如果发生泄漏，就会导致 PFCs 的排放。

三、温室气体监测

温室气体监测是评估气候变化影响、制定减排政策以及实施碳交易的基础。准确的监测数据有助于科学家和决策者了解温室气体的来源、排放量以及潜在的减排机会。

（一）温室气体监测方法

1. 地面观测站实时监测方法

地面观测站实时监测是温室气体监测的主要手段之一，通过在固定地点安装高精度的气体分析仪，对大气中的温室气体进行连续、实时的监测。地面观测站可以提供高分辨率、高精度的数据，对于了解温室气体在局部区域的分布和变化具有重要意义。例如，建立铁塔并安装气象测定器和采气管，通过压缩式真空泵等设备高速抽气，分析气体成分。

2. 遥感监测方法

遥感监测方法包括地基原位通量测量网络与星载和机载被动遥感监测方法。地基原位通量测量网络是通过多点布设传感器实时获取数据；星载和机载被动遥感监测方法是利用卫星或飞机上的传感器探测地表温室气体浓度。卫星遥感监测方法具有覆盖范围广、时间分辨率高等优点，可以实现对全球范围内的温室气体进行大范围、长时间的监测，对于评估全球气候变化趋势和制定国际气候政策具有重要意义。此外，飞机和船舶等平台也可以搭载气体分析仪，对大气中的温室气体进行采样和分析。这种监测方式具有灵活性高、覆盖范围广的特点，适用于对海洋、偏远地区等难以通过地面观测站进行监测的区域进行温室气体监测。

3. 实验室离线测定方法

实验室离线测定方法是将大气样品采集到容器中，带回实验室进行分析。这种方法适用于对局部地区的温室气体监测，可以与飞机、远洋航行的船舶或气球等移动工具结合使用，实现移动性测定。

（二）温室气体检测技术

以上温室气体监测方法中，常采用的温室气体检测技术包括以下几种：

1. 非分散红外光谱技术

在红外光谱范围内，每种气体都有特定的吸收带，即吸收红外光的特定波长。当红外光通过含有待测温室气体的介质时，温室气体分子会吸收与其特定振动频率相匹配的红外光，导致该波长的光强度减弱。我们通过测量光强度的变化，可以推断出气体的浓度。

2. 气相色谱分析技术

气相色谱法通过先将气体样品在色谱柱中进行分离，然后利用检测器对各分离出的组分进行定量分析。在检测温室气体时，由于不同气体分子与色谱柱固定相之间的相互作用力存在差异，因此气相色谱系统中的色谱柱能够将混合气体中的各组分有效分离。随后，这些分离后的气体依次进入检测器，检测器会将气体的浓度信息转化为电信号进行输出，从而准确实现对温室气体含量的测定。

3. 可调谐半导体激光吸收光谱技术

可调谐半导体激光吸收光谱技术的原理是利用可调谐半导体激光器的独特性质，通过调整激光器的电流和温度，精确地调谐其输出波长，以匹配目标气体分子的吸收线。当激光波长与气体分子的吸收线相匹配时，气体分子会吸收部分激光能量，导致透射光强度减弱。我们通过检测透射光强度的变化，可以推算出气体分子的浓度。

4. 光腔衰荡技术

光腔衰荡技术通过测量光在衰荡腔中的衰荡时间来推算待测气体的浓度。衰荡腔由两面或多面高反射率反射镜构成，形成一个光谐振腔。当激光被引入光谐振腔后，光线在腔内多次反射，形成稳定的振荡。当温室气体被引入腔内时，气体分子会吸收特定波长的光线，导致光强随时间流逝逐渐衰减。这个衰减过程被称为腔衰荡，其时间长度（即衰荡时间）与腔内的所有损耗成反比，这些损耗主要包括腔镜的透射损失、散射损失以及气体分子的吸收损失。

5. 激光差分中红外技术

激光差分中红外技术测定温室气体的原理是利用不同温室气体分子在中红外波段对特定波长激光的吸收特性差异，通过发射两种不同波长的激光（一个在目标气体的吸收峰上，另一个在吸收较弱或无吸收的位置上），并测量透射光强度的差异，从而精确推算出温室气体的浓度。

6. 傅里叶变换红外光谱技术

傅里叶变换红外光谱技术的原理是利用包含众多频率的连续谱红外光通过干涉仪（如迈克尔逊干涉仪），光在干涉仪里被分成两束，分别经固定的反射镜和运动的反射镜反射后产生相干光，输出一束任一时刻含有不同频率组合的连续光。这束经时间相干调制的连续光再被用来照射样品，获得反映样品（温室气体）的吸收、透射或散射信息的原始数据。随后，计算机对这些原始数据进行傅里叶变换处理，从而得到样品实际的红外吸收光谱图。

由于不同的温室气体分子具有特定的红外吸收光谱，因此傅里叶变换红外光谱技术可以通过分析样品气体的红外吸收光谱来识别并测定温室气体的种类和浓度。

（三）全球大气监测系统

世界气象组织（World Meteorological Organization，简称WMO）于1957年建立了全球臭氧观测系统（Global Ozone Observing System，简称GO_3OS），于20世纪60年代后期建立了背景空气污染监测网络，于1989年将两者合并为WMO全球大气监测系统（Global Atmosphere Watch，简称GAW）。

GAW由多部门组成（见图2-16），各部门统一协调工作。GAW为评估和预警大气化学成分和相关物理特性提供科学数据，如监测温室气体及其可能引起的气候变化、臭氧和紫外线辐射对气候和生物的影响等。

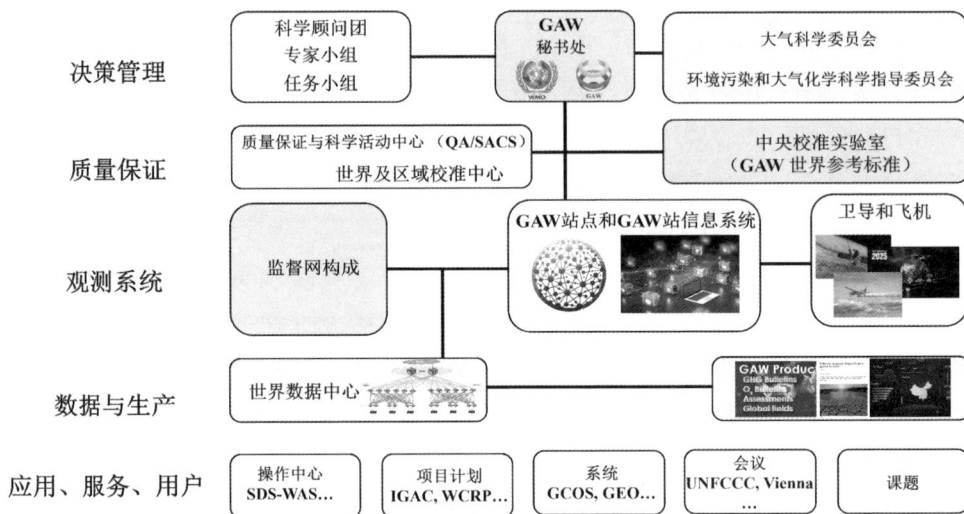

图 2 - 16　WMO/GAW 计划的组成

图片来源：《世界气象组织·全球大气观测计划（WMO/GAW）执行计划：2016—2023》。

温室气体的全球网络化观测和分析由世界气象组织全球大气监测系统（WMO/GAW）负责协调。2023 年，该观测网涵盖了 32 个全球大气本底站、400 余个区域大气本底站以及 100 余个贡献站。其中包括中国气象局的 4 个大气本底站（青海瓦里关、北京上甸子、浙江临安和黑龙江龙凤山）。瓦里关站的观测数据已被纳入 WMO 世界温室气体数据中心，作为《WMO 温室气体公报》，以及 WMO、联合国环境规划署（United Nations Environment Programme，简称 UNEP）、政府间气候变化专门委员会（Intergovernmental Panel on Climate Change，简称 IPCC）等多项科学评估的重要数据支撑。

四、大气中温室气体浓度及变化趋势

经 WMO/GAW 观测，大气中 CO_2 浓度近几十年处于持续上升趋势（见图 2 - 17），2023 年全球大气中 CO_2 浓度为 420.0 ± 0.1 ppm，约为工业化前[①]大气中 CO_2 浓度（278.3 ppm）的 1.51 倍，创下过去 200 万年以来的新高。中国在

---

① IPCC 通常将 18 世纪末期作为工业化前的大致时间节点。

轨卫星监测显示，2023 年中国青海瓦里关站 CO_2 平均浓度达到 421.4 ± 0.1 ppm。

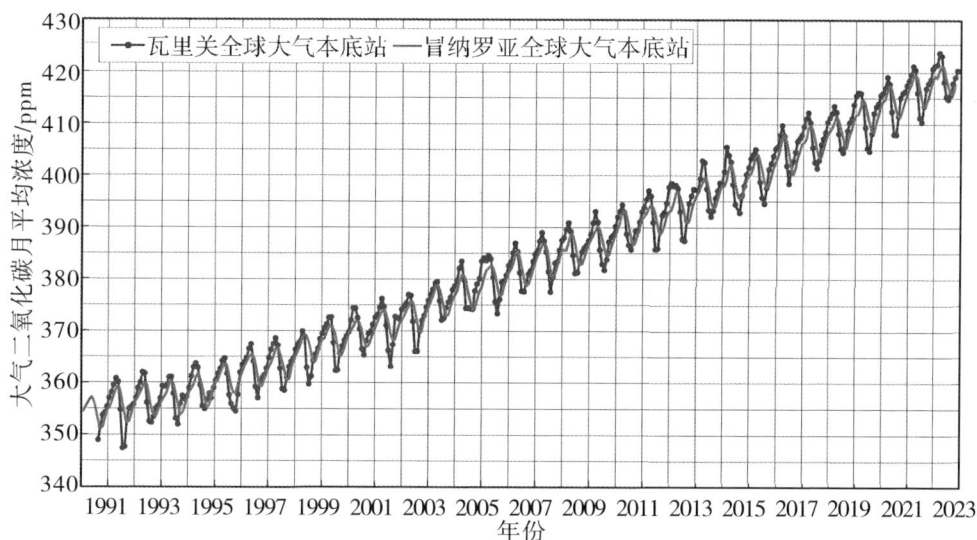

图 2 - 17　中国瓦里关站、美国夏威夷 MLO 站 CO_2 监测结果

数据来源：《2023 年中国温室气体公报》。

2023 年，全球大气中 CH_4 的平均浓度为 $1\,934 \pm 2$ ppb，约为工业化前平均浓度（722 ppb）的 2.68 倍。2023 年中国瓦里关站观测的 CH_4 平均浓度为 $1\,986 \pm 0.6$ ppb。2023 年，全球大气中 N_2O 的平均浓度为 336.9 ± 0.1 ppb，约为工业化前（270 ppb）的 1.25 倍。中国气象局于 1996 年首先在瓦里关站开展 N_2O 的观测，至 2009 年逐步扩展到了 7 个大气本底站，2023 年，中国瓦里关站观测的 N_2O 平均浓度为 337.3 ± 0.1 ppb；瓦里关站大气中 SF_6 的平均浓度为 11.55 ± 0.03 ppt，是观测以来的最高值。

CO_2、CH_4 和 N_2O 是大气中主要的长寿命温室气体。全球和中国瓦里关站监测到的 2023 年 CO_2、CH_4 和 N_2O 的平均浓度，以及三者过去一年的增量和过去十年的增量如表 2 - 1 所示，平均浓度呈现持续增加趋势（见图 2 - 18）。

表 2-1　中国瓦里关站和全球主要温室气体 2023 年浓度及增量

	CO_2		CH_4		N_2O	
	全球	瓦里关	全球	瓦里关	全球	瓦里关
2023 年的年平均浓度	420.0 ± 0.1 ppm	421.4 ± 0.1 ppm	1 934 ± 2 ppb	1 986 ± 0.6 ppb	336.9 ± 0.1 ppb	337.3 ± 0.1 ppb
2023 年相对于 2022 年的绝对增量	2.3 ppm	2.3 ppm	11 ppb	8 ppb	1.1 ppb	0.8 ppb
过去十年(2014—2023 年) 的年平均绝对增量	2.4 ppm/年	2.3 ppm/年	10.7 ppb/年	9.3 ppb/年	1.07 ppb/年	1.08 ppb/年

注：表中数据出自《2023 年中国温室气体公报》。

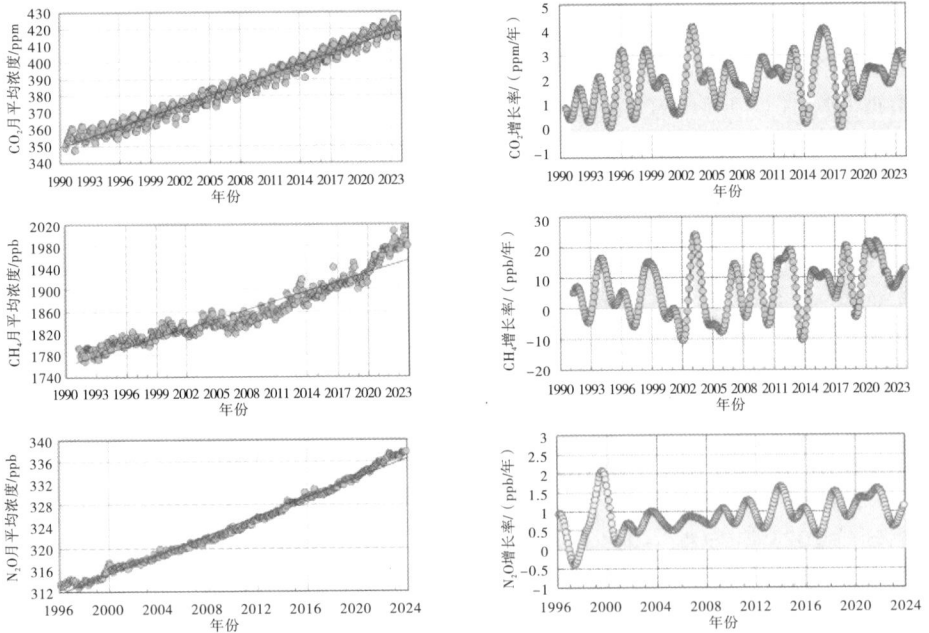

图 2-18　中国瓦里关站大气中 CO_2、CH_4、N_2O 的平均浓度及其增长率

数据来源：《2023 年中国温室气体公报》。

第二节 温室效应

一、大气层

大气层也称大气圈，是围绕地球的一层混合气体，包围海洋和陆地，厚度在 1 000 km 以上，没有明显界限。人们根据大气温度随高度变化特征的不同，将大气层分为对流层、平流层、中间层、热层和散逸层（见图 2－19）。

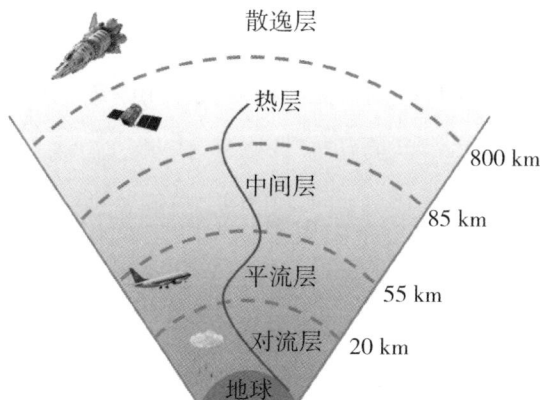

图 2－19 地球大气层

（一）对流层

对流层位于大气的最下层，其高度因纬度和季节的不同而不同。通常情况下，对流层平均高度随着纬度的升高而减少，低纬度、中纬度和高纬度区域的对流层平均高度分别为 17～18 km、10～12 km、8～9 km；对流层的上界高度，在夏季要高于冬季。人类生活在对流层的最底层，呼吸的空气组成为：78% 的 N_2，21% 的 O_2，1% 的 CO_2、水蒸气以及极少量的氩气、氖气和臭氧等。

对流层中空气质量和水汽质量分别占整个大气圈的 75% 和 90%，主要的天气现象如云、雨、雷电等都发生在对流层。对流层具备如下三大特征：

1. 气温随高度增加而降低

对流层空气升温主要依靠地面的长波辐射，导致其气温通常随高度增加而降低，平均每上升 100 m 气温下降 0.65 ℃。

2. 空气对流运动强烈

对流层因上冷下热的温度特征导致上层空气密度和压强较下层大，空气易产生垂直对流运动；同时，因近地面对空气的加热通常不均匀，空气也会形成水平对流运动。

3. 天气现象复杂多变

对流层中的空气有垂直对流运动和水平对流运动，形成复杂多变的天气现象。有时晴空万里，有时乌云密布，有时狂风暴雨。

在对流层顶过渡到平流层 1～2 km 范围内，气温随高度增加变化减弱，甚至没有变化。这一过渡层可抑制对流层内对流作用的进一步发展。

（二）平流层

自对流层顶至 55 km 高度范围属于平流层。平流层中空气以水平运动为主，民用航空飞机巡航时主要在平流层飞行。平流层的主要特征如下：

1. 温度随高度增加先等温分布后逆温分布

平流层的下层，随高度增加气温变化很小；当高度高于 20 km 后，气温随高度升高而显著增加，呈现逆温层，这是因为在 20～25 km 高度处，分布着较多的臭氧，臭氧吸收太阳紫外线从而使气温升高，大致在 50 km 高空形成一个暖区；到平流层顶，气温为 −17 ℃～−3 ℃。

2. 垂直气流明显减弱

平流层中空气以水平运动为主，垂直对流显著减弱，整个平流层比较平稳。

3. 水汽、尘埃含量极少

平流层水汽、尘埃含量极少，很少有天气现象，只在底部偶然出现一些分散的贝云。平流层天气晴朗，大气透明度好。

平流层中的臭氧层吸收了一部分太阳辐射短波紫外线，为人类架起一个巨大的保护伞，保护人类免受紫外线伤害。然而，随着制冷剂、喷雾剂、发泡剂等氯氟碳化合物工业制剂的大量使用，臭氧层不知不觉被破坏，在南、北极上空等地区形成了巨大的臭氧空洞，威胁着人类健康。氯氟碳化合物破坏臭氧层的原理如下：

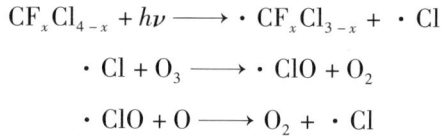

$$CF_xCl_{4-x} + h\nu \longrightarrow \cdot CF_xCl_{3-x} + \cdot Cl$$

$$\cdot Cl + O_3 \longrightarrow \cdot ClO + O_2$$

$$\cdot ClO + O \longrightarrow O_2 + \cdot Cl$$

幸运的是，科学家们找到了臭氧层损耗的原因。联合国为了避免氯氟碳化合物对臭氧层继续造成恶化及损害，于 1987 年 9 月 16 日邀请所属 26 个会员国在加拿大蒙特利尔签署《蒙特利尔破坏臭氧层物质管制议定书》，对 CFC – 11、CFC – 12、CFC – 113、CFC – 114、CFC – 115 等五项氯氟碳化合物及三项哈龙的生产做了严格的管制规定，并规定各国有共同努力保护臭氧层的义务。经过全人类的努力，臭氧空洞正在逐步"愈合"，据估计，北极和南极臭氧层将分别于 2045 年和 2066 年恢复到 1980 年的水平。

（三）中间层

从平流层顶到 85 km 高度为中间层，又称为高空对流层或上对流层。该层气温随高度增加而迅速降低，顶界气温降至 – 113 ℃ ~ – 83 ℃。该层会出现强烈对流运动，这是因为该层大气上部冷、下部暖，致使空气产生对流运动，但该层空气稀薄，空气的对流运动强度无法与对流层相比。

（四）热层

从中间层顶到 800 km 高度为热层，又称为电离层。该层大气稀薄，约占大气总质量的 0.5%。热层的主要特征如下：

1. 气温随高度增加而迅速升高

据探测，在 300 km 高度上，气温可达 1 000 ℃ 以上，这是因为所有波长小于 0.175 μm 的太阳紫外辐射都被该层的大气物质所吸收，从而使其增温。

2. 空气高度电离

在太阳紫外线和宇宙射线的作用下，氧分子和部分氮分子被分解并高度电离，故热层又称电离层。电离层具有反射无线电波的能力，对无线电通信有重要意义。

（五）散逸层

热层顶以上，称散逸层，也称外层。该层空气极其稀薄，大气质点碰撞机会很小，气温随高度增加而升高，空气粒子运动速度很快，这些高速运动的空气质点受地球引力作用小而不断散逸到星际空间。大气层与星际空间是逐渐过渡的，并无截然的界限。

二、什么是温室效应

玻璃或透明塑料薄膜搭建的大棚用于孕育鲜花和蔬菜等植物时，太阳光能够透过玻璃或透明塑料薄膜照进大棚，加热棚内空气，但棚内的热量难以向外散发，使棚内的温度保持高于外界的状态，形成温室（见图 2-20），为植物提供有利的生长条件，从而孕育出越来越多的反季节蔬菜、水果和鲜花等，丰富了人们的生活。棚内温度高于外界的现象，被称为"花房效应"。

图 2-20　利用温室种植植物

类似地，大气中的 CO_2 就像一层厚厚的玻璃（或塑料薄膜），"玻璃层"允许太阳短波辐射透过，但阻止地面散发热量，致使地面温度上升，使地球变成了一个大暖房。其作用类似于孕育植物的温室，因此被称为温室效应

（Greenhouse Effect）。概括地讲，温室效应是太阳短波辐射可以透过大气射入地面，而地面增暖后放出的长波辐射却被大气中的 CO_2 等温室气体所吸收，从而产生大气变暖的效应。温室效应也被称为"花房效应"，是大气保温效应的俗称。

三、温室效应产生的原理

世界上，无论在宇宙中还是在地球上，任何物体都会辐射电磁波。物体温度越高，辐射的波长越短。太阳表面温度约 6 000 K，因此它发射的电磁波长非常短，被称为太阳短波辐射，其中包括紫外光、可见光和部分红外光。当地球接收到太阳短波辐射时，地面会因此升温，同时地球也会向外辐射电磁波以保持热平衡。但由于地球温度相对较低，地球所发射的电磁波长较长，被称为地面长波辐射。这种长波辐射在穿过地球大气时会受到不同的影响：大气对于太阳短波辐射而言几乎是透明的，但强烈吸收地面长波辐射。大气吸收地面长波辐射的同时，也会向外辐射波长更长的长波（因为大气温度低于地面），其中一部分向下到达地面，这就是所谓的逆辐射。地面接收到逆辐射后会因此升温，大气对地面的这种保温作用便是温室效应的原理（见图 2-21）。

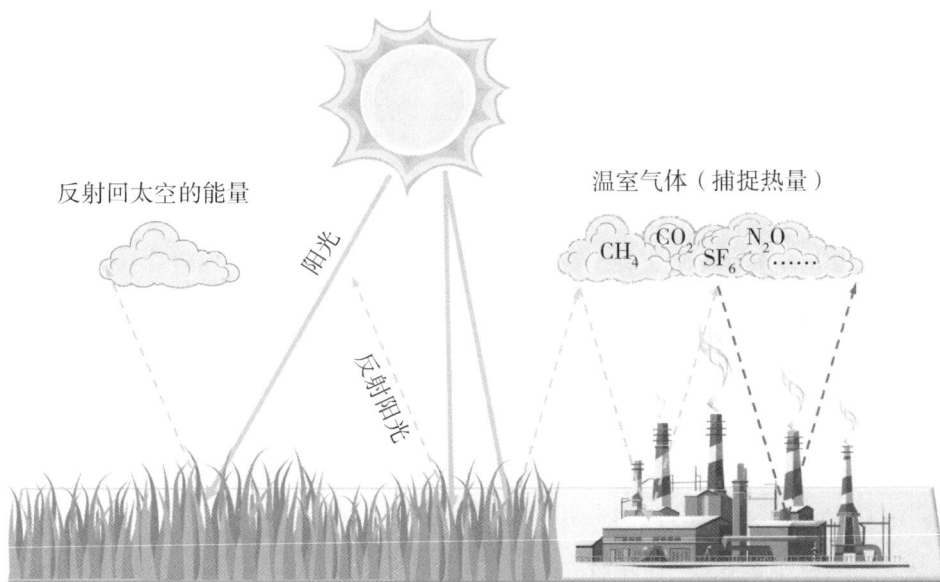

图 2-21　温室效应原理示意图

第三节　全球气候变暖

一、概述

全球气候变暖是一种由人为活动引起的自然现象，其核心机制在于温室效应的不断增强。当大气中的温室气体（如 CO_2、CH_4 等）浓度增加时，地气系统（即地球表面与大气层之间）吸收与发射的能量平衡被打破。这种不平衡导致能量在地气系统内部不断累积，从而使地球表面温度逐渐升高，引发全球气候变暖的现象。

随着温室气体浓度的增加，全球平均地表温度（Global Mean Surface Temperature，简称 GMST）也呈现出明显的上升趋势。GMST 是通过综合陆地上空气的温度和海洋区域海面的温度来计算得出的，并通常以相对于某一选定基线时期的异常值来表示。这种温度异常值能够清晰地反映出地球表面温度随时间变化而变化的趋势。

二、全球气候变暖带来的影响

（一）气候变暖对环境的影响

自 20 世纪 80 年代以来，每十年都比前一个十年更暖。1981—1990 年，全球平均气温较 100 年前上升了 0.48 ℃。2015—2019 年是有完整气象观测记录以来最暖的五个年份。截至 2019 年，该年全球平均气温比工业化前水平高出约 1.1 ℃，是有完整气象观测记录以来第二暖的年份。2022 年 1 月至 9 月，GMST 比工业化前基线（1850—1900 年）高 1.15 ± 0.13 ℃。2023 年全球绝大部分地区平均气温均比 1991—2010 年平均温度要高。

1. 极地冰盖和冰川的融化

冰盖和冰川是地球冰冻圈的重要组成部分，主要分布在地球的两极地区和一些高山地区。它们不仅提供生态系统服务，还向全世界数百万人提供淡水。然而，随着全球平均气温上升，地球上的极地冰盖和冰川受到了不同程度的影响，主要表现在以下方面：

（1）北极海冰减少

近年来，科学家们发现北极海冰的面积和厚度都在不断减少。这种减少的趋势在夏季尤为明显，海冰达到最小范围的时间比以往更早，且范围也显著缩小。根据美国国家冰雪数据研究中心的数据，2002年7月15日至17日，格陵兰冰盖每天流失的冰量达到了大约60亿吨。这一变化不仅影响了依赖海冰生存的野生动物（如北极熊和海豹），还深刻改变了当地人类社群的生活方式。

（2）南极冰盖变化

受全球气候变暖的影响，南极冰盖同样在发生变化。例如，南极半岛的冰架正在迅速消融，而东南极洲的部分地区则可能由于降雪增加而有所增长。西南极洲冰盖的某些部分，特别是松岛冰川和思韦茨冰川，显示出加速流动和融化的迹象，这可能导致海平面上升。截至2022年2月25日，南极海冰面积降至192万平方千米，创有记录以来的最低水平，比长期（1981—2010年）平均值少近100万平方千米。截至2022年10月，南极海冰的总面积仍低于平均水平。

（3）山地冰川退缩

世界各地的山地冰川，包括喜马拉雅山脉、安第斯山脉以及阿尔卑斯山脉等地区的冰川，正在以前所未有的速度退缩。这些冰川的消失不仅减少了淡水资源，还影响了下游地区的生态系统和人类社会。

（4）海平面上升

根据国际权威机构的数据，自19世纪以来，全球平均海平面已上升了20至25 cm，而在过去的几十年里，这一上升速度更是加快到了每年约3 mm。尤其值得注意的是，自1993年以来，卫星观测数据显示，海平面上升的速率更是达到了每年约3.2 mm的新高。根据联合国政府间气候变化专门委员会（IPCC）的报告，如果不采取有效应对措施，到2100年，孟加拉国的沿海地区可能会遭受严重的洪涝灾害，导致数百万人口失去家园，农业生产受损，生态系统遭到破坏，进而对该国的经济、社会和政治稳定构成巨大威胁。

（5）生态系统变化

随着冰川和冰盖的融化，许多生物栖息地发生了改变，一些物种可能会迁移到新的地区以寻找适宜的生存环境，而另一些物种则可能面临灭绝的风险。这些变化破坏了生态系统的平衡。

2. 极端天气事件的增加

近年来，由全球气候变暖引发的极端天气事件时有发生，常见的极端天气现象包括：

（1）极端高温

在过去的 50 到 100 年间，全球极端高温事件的发生频率比往常高出了 2 至 4 倍。据预测，未来 40 年的发生频率可能将高达 100 倍以上。2024 年 4 月是全球有记录以来最热的 4 月，且连续 11 个月打破了最热月份的纪录，亚洲大部分地区经历了长时间超过 40 ℃ 的高温。专家预测，持续的热浪会导致火灾频率增加，相关疾病也会随之出现。世界气象组织认为，受气候变化影响，未来全球绝大部分有人口居住的地方将出现更多、更强、更持久的极端高温。

（2）干旱

全球变暖正在加剧干旱现象，对世界各地的农业、生态系统和人类社会造成了严重影响。以非洲之角为例，近年来，该地区遭受了前所未有的干旱危机，导致数百万人口面临粮食短缺和水资源匮乏的困境。干旱不仅摧毁了农作物，还引发了严重的饥荒和难民潮。此外，澳大利亚也频繁遭遇极端干旱，其影响范围广泛且持久，导致大片土地退化、水源枯竭，对当地生态环境和经济发展构成了巨大威胁。在中国，干旱现象同样显著。近年来，长江中下游地区多次遭遇干旱侵袭。例如，在 2022 年夏天，长江部分地区水位降至自 1865 年以来的最低水平。长江低水位的原因包括流域降雨量减少、上游流入水量减少以及高温加速蒸发等。这场干旱不仅影响了农业灌溉和农作物生长，还导致水力发电量下降，影响了数百万人和许多工厂的供水、供电。此外，长江沿线的湖泊，如鄱阳湖和洞庭湖，也出现了历史最低水位，进一步加剧了干旱的影响。

（3）极端降水

全球气温每上升 1 ℃，大气水汽增加约 7%，从而导致极端降水增加。自 1950 年以来，极端降水在大部分有观测资料的区域呈增加趋势，而城市洪涝和山洪等骤发性洪水与极端降水关联紧密。此外，强降水事件的增加会导致更多的污染物，如残留农药、化肥等被冲入河流和溪流中。这些河流和溪流将污染物输送到下游、湖泊、河口等地区，进而促进有害藻类和细菌的繁殖生长，影响水质和水环境。

（4）全球洪水频发

随着气温上升，极端降水增加，加之冰川融化和海平面上升，全球洪水发生频率和强度上升。2022 年 3 月 3 日，澳大利亚东海岸盆地和新南威尔士州的部分地区经历了数周的倾盆大雨袭击，导致牧场被淹，道路封闭。新南威尔士州州长佩罗泰特表示，约 50 万人受到洪水警报或紧急疏散警报的影响，其中大约 30 万人需紧急转移至安全地区。孟加拉国常受季风降雨和山体滑坡影响，2022 年 6 月中旬孟加拉国东北部地区遭受了几百年来最严重的极端洪水，造成数十人死亡，数百万人无家可归。韩国气象厅称，2022 年 8 月 8 日至 12 日 6 时，大雨和雷电袭击了韩国中部地区，造成数千座建筑物和多条道路受损，暴雨已致 13 人死亡、6 人失踪，另有 18 人受伤。该地区 1 小时内降雨量超过 127 mm，创下该地区单小时最高降雨量纪录。2022 年 6 月中旬，美国黄石国家公园遭遇暴雨和融雪引发的灾难性洪水。6 月 13 日，黄石国家公园被迫关闭，超过一万名游客被疏散。南非的夸祖鲁－纳塔尔省在 2022 年 4 月遭受了该国历史上最严重的暴风雨袭击，一些地区一天内降雨量超过六个月的平均值，造成数百人丧生。在中国南方，近年来也多次遭遇强降雨引发的洪水灾害。

3. 生物多样性的变化

随着地球温度的上升，许多生态系统经历了显著的变化，这些变化影响了物种分布、季节性行为以及生态系统的整体结构和功能。主要体现在以下几个方面：

（1）物种分布和栖息地改变

随着气温升高，许多物种的分布范围发生了变化。例如，一些原本生活在寒冷地区的动植物，被迫向更高纬度或海拔迁移以寻找适宜的生存环境。一些候鸟的迁徙路线和时间也发生了改变。由于海冰的减少，北极熊的狩猎范围和时间受到极大限制，生存面临巨大威胁。

（2）物种灭绝风险增加

快速的气候变化使得一些物种难以适应，导致其数量减少甚至灭绝。特别是那些对环境变化敏感、适应能力较弱的物种，如某些珍稀的两栖动物和昆虫。例如，哥斯达黎加的金蟾蜍，因为气候变暖导致其栖息地的生态平衡被打破，现已灭绝。

（3）生态系统结构和功能改变

气候变暖影响了生态系统中物种之间的相互关系。例如，植物的开花和结实时间变化，可能导致依赖其传粉或果实的动物食物资源不稳定，进而影响整个食物链和生态系统的稳定性。澳大利亚的珊瑚礁生态系统，由于海水温度升高引发大规模珊瑚白化，严重破坏了其生态结构和功能。

（4）生物多样性丧失的连锁反应

一个物种的减少或灭绝可能引发连锁反应，影响其他相关物种。比如，某些植物的减少可能导致以其为食的动物生存受到威胁。

可见，全球气候变暖对生物多样性产生了广泛而深远的影响。如果不采取有效措施应对，未来我们可能会面临更多的物种灭绝和生态系统崩溃。

4. 对海洋的影响

全球变暖会导致海洋热量上升（暖化）、海水 pH 值下降（酸化）和海水溶解氧降低（缺氧），如图 2 - 22 所示。

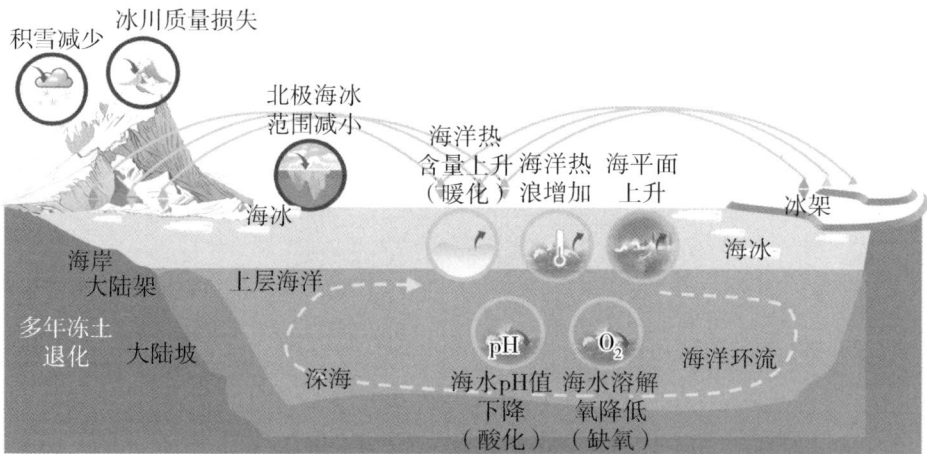

图 2 - 22　温室气体持续增加导致海洋暖化、酸化和缺氧

由于温室气体浓度的增加，地球系统中约 90% 的多余能量进入了海洋，导致海洋热含量增加。这种热量的积累引起了海洋水体膨胀，加之极地冰盖和山地冰川的融化，共同推动了全球海平面上升的趋势。气候模型预测，在中等排放情景和高排放情景下，与 1995 年至 2014 年相比，到 2100 年全球平均海平面可能分别上升 0.44 ~ 0.76 m 和 0.63 ~ 1.01 m；到 2150 年，全球平均海平

面可能分别上升 0.66 ~ 1.33 m 和 0.98 ~ 1.88 m。考虑到冰盖过程的不确定性，在高排放情景下，到 2100 年和 2150 年，全球海平面上升的幅度甚至可能达到 2 m 和 5 m。海平面上升将导致低海拔沿海地区发生洪涝的频率与海岸侵蚀的强度和频率普遍增加，对沿海地区人民的居住安全构成威胁，并对沿海生态系统产生深远影响。

温室气体浓度的增加、全球气候变暖还引发了另一个严重问题——海洋酸化。海洋每年吸收大约 23% 的人为 CO_2 排放，虽然这有助于缓解气候变化的影响，但对海洋生态系统造成了极大的负担。CO_2 与海水反应，增加了海水的酸度，这对生物多样性和生态系统服务构成了严重威胁，包括影响粮食安全、对渔业和水产养殖业造成负面影响。此外，海洋酸化还会削弱保护海岸线的珊瑚礁生态系统，并对沿海旅游业的发展构成挑战。随着海水 pH 值的下降，其酸度不断增加，进而减少了海洋吸收大气中 CO_2 的能力。值得注意的是，全球平均海水 pH 值正以过去 26 000 年里从未出现过的速度持续稳步下降。

全球变暖不仅导致气温上升，还影响了海水的物理化学特性，其中之一就是海水溶解氧含量的下降。随着海水温度的升高，海水的溶解氧能力降低，这意味着相同体积的海水能够溶解的氧气量减少。此外，温暖的海水密度较低，减少了海洋中深层水和表层水之间的混合，限制了深层水中氧气的补充。溶解氧的减少对海洋生物造成了巨大压力，尤其是对于需要较高氧气水平才能生存的物种。缺氧区域的扩大可能会导致海洋生物群落的组成发生变化，甚至使某些地区的生物多样性降低。这一现象不仅影响了海洋生态系统的健康，还对渔业资源和沿海地区人民的生计构成威胁。

(二) 气候变暖对社会经济的影响

1. 农业和粮食安全

全球气候变暖对农业和粮食安全产生了复杂且深远的影响，这些影响主要包括：

(1) 农作物生长方面

在一定程度上，气候变暖会使高纬度地区热量条件改善，延长作物生长季，有利于一些喜温作物的种植和生长。例如，原本在较寒冷地区难以成熟的玉米、水稻等作物，可能因温度升高而有更好的生长条件。然而，对于中低纬度地区，气候变暖可能使温度超过某些作物的适宜生长温度范围，导致作物生长发育受阻。如一些热带作物可能面临高温胁迫，影响光合作用效率和干物质积累。同时，温度升高可能使作物生长过快，营养物质积累不足，品质下降。

（2）土壤环境方面

气候变暖会加速土壤有机质的分解，导致土壤肥力下降。长期来看，这将影响农作物的养分供应，增加化肥的使用需求，从而提高农业生产成本。此外，气温升高还可能导致土壤水分蒸发加剧，使土壤更加干燥，影响作物对水分的吸收。在一些干旱地区，土壤荒漠化的风险也会进一步加大。

（3）病虫害方面

随着温度升高，许多病虫害的繁殖速度加快、发生范围扩大。例如，一些害虫的越冬界限可能向北移动，危害原本较少受到这些害虫影响的地区。同时，高温高湿的环境也有利于病菌的滋生和传播，增加农作物病虫害防治的难度。

（4）粮食产量方面

总体而言，气候变暖对粮食产量的影响具有不确定性。在一些地区，由于适宜生长季延长和降水增加等因素，粮食产量可能会有所增加；但在更多地区，高温、干旱、洪涝、病虫害等不利因素可能导致粮食产量下降。全球范围内，粮食产量的不稳定将增加粮食市场的波动，影响粮食供应的稳定性。

（5）粮食质量方面

气候变暖可能导致粮食中的营养成分发生变化。例如，高温可能使谷物中的蛋白质含量下降，影响粮食的营养价值。同时，由于病虫害的增加，农民可能会使用更多的农药，这可能导致粮食中的农药残留超标，对人体健康构成威胁。

（6）粮食供应与分配方面

气候变暖引发的自然灾害可能破坏农业基础设施，如灌溉系统、农田道路等，影响粮食的运输和分配。在一些贫困地区，由于缺乏应对气候变化的能力，粮食短缺问题可能更加严重，易加剧社会不稳定性。粮食主产区的产量变化可能导致粮食贸易格局发生改变，一些依赖粮食进口的国家可能面临更大的粮食安全风险。

因此，气候变暖给农业和粮食安全带来了严峻挑战，需要全球各国共同努力，采取有效的应对措施，以保障农业可持续发展和粮食安全。

2．人类健康问题

（1）气候变暖对人类健康的直接影响

随着高温天气的日益增多，与高温相关的健康问题也随之凸显。首先，中暑现象变得愈发普遍，这主要是因为气候变暖导致高温天气更加频繁且强烈。在极端高温条件下，人体散热变得困难，从而容易引发中暑，若不及时处理，严重时可能发展为热射病，危及生命。

其次，高温天气对心血管疾病患者构成了严重威胁。高温导致人体血管扩张，进而加重了心脏的负担。对于已经患有心血管疾病的人群来说，高温天气可能会诱发心脏病发作或中风等严重后果。

此外，气候变暖还会导致大气中臭氧等污染物浓度上升。臭氧对呼吸道有强烈的刺激作用，能够引发咳嗽、气喘、胸闷等症状，并可能加重哮喘等呼吸道疾病。同时，高温条件下，细颗粒物（PM2.5）等污染物也更难扩散，人们长期暴露于这些污染物中会增加患呼吸系统疾病、心血管疾病以及癌症的风险。

（2）气候变暖对人类健康的间接影响

气候变暖使得蚊子、蜱虫等病媒生物的生存范围得以扩大，繁殖周期缩短。这导致原本主要分布在热带地区的疾病，如登革热、疟疾、寨卡病毒等，有可能向高纬度地区传播，严重威胁公共卫生安全。这些病媒生物通过叮咬人类传播病原体，给防控工作带来了巨大挑战。

气候变暖对食品安全也构成了威胁。气温升高和降水模式的变化可能影响农作物的正常生长和产量，导致粮食短缺问题日益严峻。长期摄入营养价值低的粮食会造成营养不足，营养不足会削弱人体的免疫力，进而增加患病风险。此外，高温和高湿度环境为细菌、霉菌等微生物的生长繁殖提供了有利条件，容易引发食物中毒等食品安全事件。

气候变暖还带来了心理健康方面的问题。由气候变暖引发的自然灾害，如洪水、飓风、森林火灾等，变得更加频繁和严重。这些灾害不仅破坏人们的家园和生活，还给幸存者带来巨大的心理创伤，导致焦虑、抑郁等心理健康问题的出现。同时，对未来气候变化的担忧也可能给人们带来长期的心理压力，影响心理健康。

3．水资源管理问题

（1）水资源规划面临挑战

气候变暖导致降水模式愈发不稳定，使得对未来水资源供应量的预测变得极为困难。这种不确定性给水资源规划带来了极大的挑战，规划者难以依据现有数据确定合适的水资源开发规模和项目建设时序。例如，依据历史降水数据规划的水库库容，在面对未来降水模式的潜在变化时，可能无法满足实际需求，导致水资源管理出现困境。

气候变暖对水资源的影响具有显著的长期性和累积性特征，这意味着水资源管理需要进行更为长远的规划。然而，由于难以准确预测几十年甚至上百年后的水资源状况，长期规划的可靠性受到了严重影响。规划者不得不面对不断调整和完善规划的现实，以适应不断变化的气候条件，这无疑增加了水资源管理的难度和复杂性。

（2）水资源调配压力增大

气候变暖加剧了水资源在不同地区之间的不均衡分布。一些原本水资源相对丰富的地区可能因降水减少而面临水资源短缺的问题，而一些本就干旱缺水的地区的缺水状况则可能进一步恶化。这种不均衡分布加剧了水资源的区域供需矛盾，使得跨区域的水资源调配需求变得更加迫切。为了满足城市和其他用水需求，需要从更远的地区进行调水，这无疑增加了调配的成本和难度。

现有的水资源调配工程在设计之初可能并未充分考虑气候变暖带来的长期影响。随着气候条件的变化，这些工程可能面临一系列适应性挑战，如输水能力不足、水质恶化等。例如，一些跨流域调水工程的渠道可能会因为蒸发量的增加而损失更多的水量，导致工程效益下降。为了应对这些挑战，我们需要对现有工程进行改造和升级，以提高其适应气候变化的能力。

（3）水资源保护任务加重

气候变暖导致的水温升高、水体富营养化等问题，使得水质保护更加困难。高温有利于藻类和微生物的生长，增加了水体发生污染的风险。同时，降水模式的变化可能导致污染物的迁移和扩散更加复杂，增加了水质监测和治理的难度。

水资源是生态系统的重要组成部分，气候变暖对水生生态系统造成了严重威胁。为了维护生态系统的稳定，我们需要更加注重水资源的生态保护。例如，维持河流的生态流量、保护湿地等措施对于保护生物多样性至关重要。然而，在水资源紧张的情况下，如何平衡人类用水和生态用水的需求是一个巨大的挑战。

（4）水资源管理策略调整问题

随着气候变暖的加剧，水资源管理面临着前所未有的挑战。为了确保水资源的可持续利用，我们必须对现有的水资源管理策略进行适应性调整。

提高水资源利用效率成为我们的首要任务。在农业领域，我们可以推广节水灌溉技术，如滴灌和喷灌，以减少灌溉过程中的水资源浪费。在工业领域，我们可以鼓励企业采用循环用水系统，实现水资源的再利用，降低生产过程中的水耗。此外，我们还可以通过价格机制等手段，提高水资源的经济价值，鼓励公众节约用水，形成全社会共同参与水资源保护的良好氛围。

加强水资源风险管理至关重要。气候变暖带来的不确定性要求我们建立更加完善的水资源预警系统，实时监测和预警水资源短缺、水质恶化等风险。同时，制定应急预案，提高应对突发事件的能力，确保在水资源面临危机时能够迅速、有效地采取行动，保障水资源的安全供应。

水资源管理涉及多个部门和领域，需要建立跨部门的协调机制。水利、环保、农业、城市规划等部门应紧密合作，共同制定和实施水资源管理策略。通过加强部门间的沟通与协作，我们可以更好地应对气候变暖带来的挑战，实现水资源的可持续利用。

综上所述，气候变暖对水资源管理提出了严峻的挑战，但也是我们调整策略、提高管理水平的契机。通过提高水资源利用效率、加强风险管理、建立跨部门协调机制等措施，我们可以更好地适应不断变化的气候条件，保障水资源的可持续供应，为人类的生存和发展提供坚实的水资源保障。

思考题

1. 温室气体有哪些？
2. CO_2、CH_4、N_2O 的主要来源分别是什么？
3. 列举含卤温室气体的主要代表，其主要来源有哪些？
4. 温室气体监测方法主要有哪些？
5. 温室气体检测技术主要有哪些？
6. 阐述温室效应的定义与原理。
7. 全球气候变暖会对环境造成哪些影响？
8. 全球气候变暖会对社会经济造成哪些影响？

参考文献

［1］ 王振，彭峰，等. 全球碳中和战略研究［M］. 上海：上海社会科学院出版社，2022.

［2］ 世界气象组织. 全球大气观测计划（WMO/GAW）执行计划：2016—2023［M］. 北京：气象出版社，2020.

［3］ 2023 年中国温室气体公报［R］. 中国气象局气候变化中心，2024.

［4］ 2023 年中国生态环境状况公报［R］. 中华人民共和国生态环境部，2024.

［5］ 娄海萍，黄志凤. 瓦里关全球大气本底站建站历史及成就回顾［J］. 气象科技进展，2023，13（4）：10 – 11.

［6］ 刘蕊. 全球经历有记录以来"最热 4 月"［N］. 中国气象报，2024 – 05 – 13（03）.

［7］ 邓丽静，王慧，金波文，等. 1979—2022 年南极海冰范围变动特征及趋势分析［J］. 海洋通报，2024：1 – 10.

［8］ 黄菲，何敏，詹棠，等. 基于 IMERG 卫星遥感数据的华南地区近 20 年汛期强降雨气候特征分析［J］. 热带气象学报，2024，40（2）：272 – 284.

［9］ 张宁. 全球海洋生态系统面临威胁［J］. 生态经济，2023，39（9）：1 – 4.

［10］ 王慧，全梦媛，徐卫青，等. 中国沿海和近海海平面上升预测［J］. 海洋学报，2023，45（8）：1 – 10.

第三章　碳达峰碳中和目标及国家自主贡献

第一节　概述

一、碳达峰碳中和相关的基本概念

（一）碳达峰和碳中和

碳达峰（Carbon Peak）指的是一个地区或国家的二氧化碳（CO_2）排放总量在某一个时间点达到历史峰值，然后开始平缓波动，再逐渐稳步回落。实现碳达峰是控制全球气温上升的重要里程碑，它要求国家在经济发展过程中采取有效措施，减少对化石燃料的依赖，优化能源结构，提高能源使用效率，以及推广清洁能源的使用。碳达峰表面上是约束碳排放强度问题，而本质上是能源转型和生态环境保护的问题。实现碳达峰意味着一个国家或地区的经济增长将不再（或大幅减少）依赖于碳排放的增加。

碳中和（Carbon Neutrality）指通过各种减排措施和碳汇活动，使得一个国家或地区的温室气体排放量等于或小于该地区或国家自然环境能够吸收的总量，也就是说达到了碳排放与吸收平衡，实现净排放量为零的状态。碳中和不仅涉及直接的碳排放减少，还包括通过自然和人工方式增加碳汇，以及开发和应用负排放技术，如植树造林、碳捕集和封存等手段。

碳中和是碳达峰的目的，而碳达峰是碳中和实现的前提。实现碳中和是一个循序渐进的过程，首先是让碳排放总量不再增长，达到峰值，即碳达峰；然后是在碳达峰之后，使碳排放总量逐渐下降，在一定的经济发展水平下，实现排放量等于吸收量，达到"净零排放"，即碳中和。

（二）净零排放和零碳产业

净零排放（Net-zero Emission）是指以特定基准年的温室气体排放量为参照，通过系统性减排措施（如能源结构转型、工业流程优化、能效提升等），在一定时间范围内持续降低各类人为活动产生的温室气体排放；对于技术或经济层面暂无法避免的残余排放，需通过生态碳汇（如森林／湿地固碳）、工程碳移除［如直接空气碳捕集与封存（DACCS）］和负排放技术［如生物质能碳捕集与封存（BECCS）］等方式，从大气中移除等量的温室气体，最终实现人为排放与人为移除的动态平衡，使大气中温室气体净增量为零。它意味着一个国家、组织或个体一年内所有人为活动产生的温室气体（以 CO_2 当量衡量）排放量与温室气体清除量达到平衡，甚至清除量超过排放量。净零排放和碳中和都旨在减少温室气体的排放，以应对气候变化。它们都强调通过减排和补偿两种方式来实现目标。

零碳产业是指在生产和消费过程中实现碳排放最小化或无碳化的产业。零碳产业活动一般通过采用清洁能源、提高能效、循环经济、碳捕集和封存等手段，减少或消除温室气体排放。零碳产业的发展不仅有助于应对气候变化，还能促进经济的绿色转型和可持续发展，是与我国"双碳"（碳达峰与碳中和）战略规划息息相关的产业形态。

（三）碳足迹和碳核算

碳足迹是指个体、组织、产品或国家在一定时间内直接或间接导致的 CO_2（以及其他温室气体，但 CO_2 是最主要的）排放总量。这些排放通常来自能源消耗（如化石燃料的燃烧）、工业生产、交通运输、农业活动、废弃物处理等过程。碳足迹的计算涵盖了产品或服务从生产、运输、最终使用到废弃处理的整个生命周期的碳排放。通过计算和了解个人或组织的碳足迹，我们能更准确地了解和评价人类活动对环境的影响。

碳核算（Carbon Accounting）是企业或组织对其一定边界内活动直接和间接产生的温室气体进行量化的过程，又称温室气体核算，也是企业或组织管理其温室气体排放和制定减排策略的重要工具。碳核算可以分为几个不同的范围：①直接排放范围，指企业拥有或控制的排放源所产生的温室气体排放，如企业自有车辆的燃油排放或生产过程中的直接排放；②间接排放范围，指企业购买的电力、热能或蒸汽等能源在使用过程中产生的排放；③其他间接排放范围，指企业在价值链上下游活动中产生的排放，如原材料的提取和加工、产品使用、员工通勤、废物处理等过程中的排放。

碳核算的目的是帮助企业了解其运营对气候变化的影响，并采取相应的措施来减少这些影响。通过碳核算，企业可以识别排放特点，设定减排目标，制定和实施减排策略，并向利益相关者报告其环境绩效。

碳足迹和碳核算对于推动可持续发展、减少温室气体排放和应对气候变化具有重要意义。

二、实现碳达峰碳中和的重要性

（一）应对气候变化，保护全球环境

碳达峰碳中和是全球应对气候变化的重要手段。人们通过减少温室气体排放，特别是 CO_2 的排放，可以显著降低全球温度上升的速度和程度，从而减缓全球变暖的趋势。这有助于降低极端天气事件的发生频率和强度，如干旱、洪涝、台风等，减轻这些事件对人类社会和自然环境的影响。

碳达峰碳中和有助于推动清洁能源的发展，减少人们对化石燃料的依赖，从而减少空气污染和水污染等环境问题。这有助于保护生物多样性，维护生态系统的稳定性和健康性。

（二）推动经济转型，促进可持续发展

碳达峰碳中和将推动产业结构的优化升级，促进绿色低碳产业的发展，如清洁能源、新能源汽车、节能环保等。这有助于淘汰落后产能，提高产业附加值和竞争力。碳达峰碳中和将促进能源结构的转型，推动清洁能源的替代和普及，如太阳能、风能、水能等。这有助于降低能源消耗和减少碳排放，提高能源利用效率和安全性。碳达峰碳中和将推动经济的高质量发展，通过技术创新和产业升级，提高经济的整体素质和效益。这有助于实现经济的可持续发展，提高人民的生活水平和幸福感。

（三）增强国际竞争力，促进国际合作

碳达峰碳中和将促进全球碳中和技术的研发与应用，并加强国际合作与交流。这有助于各国共享减排技术和经验，提升全球应对气候变化的能力，进而增强各国的国际竞争力。碳达峰碳中和作为全球性问题，需要各国携手合作共同应对。通过国际合作，我们能够共同设定减排目标，制定相关政策，加速全球碳中和的进程。此举不仅有助于加深各国间的友好与合作，还能促进全球的和平与发展。

三、实现碳达峰碳中和的紧迫性

（一）气候变化的不可逆影响

气候变化的不可逆影响是指由于全球变暖导致某些气候系统和生态系统发生的长期、持久的变化，这些变化在时间尺度上可能跨越世纪甚至千年，一旦发生，将很难或无法逆转。

1. 海平面上升

由于全球变暖，极地冰盖和冰川融化，海平面上升已经成为一个显著的长期问题。一些低洼的沿海地区和岛屿已经面临被淹没的危险，即使未来全球气温能够稳定，海平面上升的趋势也难以在短期内逆转。许多沿海城市和小岛屿国家的陆地面积不断缩小，一些历史文化遗产和基础设施也受到威胁。例如，马尔代夫、图瓦卢等国家面临着生存危机。

2. 极端天气事件的增加

随着全球变暖，高温热浪、干旱、极端降水等事件变得更加频繁和强烈，对人类健康、农业、水资源和自然生态系统造成长期影响。例如，长期干旱导致的土地沙漠化和水资源短缺，会对当地的生态和经济产生持久影响。

3. 生态系统的永久性改变

气候变化已经导致一些生态系统发生不可逆的变化，如某些依赖特定气候条件的珍稀物种，由于栖息地的消失而永远消失；珊瑚白化、森林枯死、物种迁移甚至局部灭绝，这些变化破坏了生态系统的平衡，影响了生物多样性。

4. 永久冻土的融化

北极地区和其他寒冷地区的永久冻土正在融化，这不仅释放了大量的温室

气体，如甲烷，还可能导致地貌的长期改变，影响当地的生态系统和人类活动。

5. 海洋酸化

由于海洋吸收了大量 CO_2，海水 pH 值下降，这对海洋生物，尤其是珊瑚礁和带壳的海洋生物，构成了严重威胁，这些影响可能在很长时间内都是不可逆的。

6. 气候难民和经济损失

气候变化导致的极端天气事件和环境退化已经迫使部分地区人民离开家园，成为气候难民。此外，气候变化还可能导致巨大的经济损失，影响社会稳定和发展。

这些不可逆影响凸显了采取紧急和有力措施减少温室气体排放、适应气候变化和转变发展模式的紧迫性。国际社会需要共同努力，以避免气候变化带来的严重后果，为人类创造一个可持续发展的未来。

（二）采取行动的时间窗口小

国际社会普遍认识到，气候变化对人类和生态系统的影响远超预期，风险将随着气候变暖的加剧而迅速升级。因此，国际社会采取紧急行动以尽量减少和避免损失与损害变得尤为迫切。这要求全球各国加强合作，共同应对气候变化带来的挑战，确保实现可持续发展目标。

根据联合国政府间气候变化专门委员会发布的评估报告《第六次综合报告：气候变化 2023》，全球气温已经上升了 1.1 ℃，并且这一变化正在加剧极端天气事件的频率和强度。报告指出，如果全球气温继续上升，将导致更多不可逆转的影响，如海平面上升数米、生态系统遭到破坏，以及对人类健康和粮食安全造成威胁等。

《巴黎协定》作为全球气候行动的重要框架，要求各国每五年提交一次国家自主贡献（Nationally Determined Contributions，简称 NDCs），以逐步加强减排努力。然而，当前的减排承诺和行动还不足以实现将全球变暖控制在 1.5 ℃以内的目标。为了达到这一目标，到 2030 年，全球温室气体排放量需要比 2010 年减少约 45%。

中国正在积极推动减缓气候变化的行动，包括提出更有力的政策和措施，力争在 2030 年前实现碳达峰，在 2060 年前实现碳中和。中国已经提前超额完成了 2020 年气候行动目标，并在"十四五"规划中将单位 GDP 的 CO_2 排放量较 2020 年降低 18% 作为约束性指标，构建碳达峰碳中和"1 + N"政策体系。

减缓气候变化的紧迫性日益增加，需要全球立即采取更有效的措施来减少温室气体排放，并提高适应气候变化的能力。这不仅是一个环境问题，还是一个关乎人类未来生存和发展的全球性问题。

第二节 国际社会碳达峰碳中和目标时间表

一、国际社会对碳达峰碳中和的共识

（一）国际气候变化协议概述

国际气候变化协议是一系列旨在应对全球气候变化的国际性条约和协议。这些协议共同构成了国际合作应对气候变化的框架，旨在限制全球平均温度上升并应对不可避免的气候变化带来的影响。

1. **《联合国气候变化框架公约》**

《联合国气候变化框架公约》（United Nations Framework Convention on Climate Change，简称《框架公约》），于 1992 年 5 月通过，并于 1994 年 3 月正式生效。截至 2023 年 10 月，已有 198 个缔约方加入该公约。

《框架公约》的核心目标是将大气温室气体的浓度稳定在防止气候系统受到危险的人为干扰的水平上，确保生态系统能够可持续发展。

《框架公约》要求所有国家制定和定期更新并向联合国提交应对气候变化的 NDCs，以实现全球温控目标；设立了绿色气候基金等资金机制，旨在帮助发展中国家适应和减缓气候变化的影响。

2. **《京都议定书》**

《京都议定书》是 1997 年 12 月在日本京都由《框架公约》参加国三次会议制定的国际协议。它是《框架公约》的补充条款，旨在为人类活动引起的全球变暖问题设定具体的减排目标。该议定书于 2005 年 2 月正式生效。

《京都议定书》的核心目标是减少温室气体排放。该议定书为工业化国家设定了具有法律约束力的减排目标，要求这些国家在 2008 年至 2012 年的第一承诺期内，将温室气体排放量在 1990 年的水平上平均减少 5.2%。

《京都议定书》要求附件一国家（主要是工业化国家）在第一承诺期内实现具体的减排目标。为了促进减排目标的实现，该议定书引入了三种灵活机制，包括排放权交易、联合履行和清洁发展机制，允许国家通过市场机制或与其他国家合作来实现减排。该议定书设立了遵约委员会，负责监督缔约方的遵约情况，并处理不遵约问题。该议定书鼓励发达国家向发展中国家提供资金和技术支持，以帮助它们适应气候变化并减少温室气体排放。《京都议定书》为全球应对气候变化设定了具体的减排目标和机制，推动了国际合作和减排行动的实施。

3.《巴黎协定》

《巴黎协定》是 2015 年 12 月在法国巴黎由《框架公约》近 200 个缔约方共同达成的国际协议。该协定是对 2020 年后全球应对气候变化行动的安排，旨在加强全球对气候变化威胁的应对。该协定于 2016 年 4 月在纽约签署，并于 2016 年 11 月正式生效。

《巴黎协定》的核心目标是应对全球气候变化，通过加强国际合作，实现全球温室气体排放的大幅减少，以将全球平均气温升幅控制在工业化前水平以上 2 ℃之内，并努力将温度升幅限制在 1.5 ℃以内。这一目标旨在保护地球生态系统，避免对人类社会造成不可逆转的损害，并确保人类社会的可持续发展。

《巴黎协定》要求所有缔约方根据各自国情制定并提交 NDCs，明确本国在应对气候变化方面的减排目标和措施。这些贡献将定期更新，并接受国际社会的监督和评估。该协定设立了全球盘点机制，定期对全球应对气候变化的进展和成效进行评估，以确保各国目标的实现。该协定强调适应和减缓气候变化的重要性，要求各国加强在适应和减缓气候变化方面的国际合作，提高应对气候变化的能力和水平。该协定鼓励发达国家向发展中国家提供资金和技术支持，帮助发展中国家提高应对气候变化的能力，实现绿色、低碳和可持续发展。该协定建立了透明度框架，要求各国定期报告其减排进展和措施，以确保各国在应对气候变化方面的行动是透明、可衡量、可报告和可核实的。

4. COP28 协议

COP28 协议，即第二十八届联合国气候变化大会（COP28）上达成的协议，是一项具有历史意义的国际气候协议。COP28 于 2023 年 11 月 30 日至 12 月 13 日在阿联酋迪拜世博城举行，近 200 个缔约方参加。

COP28 协议的核心目标是加强全球应对气候变化的行动，推动各国在减排、适应、资金和技术支持等方面加强合作，以实现《巴黎协定》确立的将温度升幅限制在工业化前水平以上 1.5 ℃ 以内的目标。

COP28 协议首次纳入有关减少化石燃料的承诺，各缔约方同意采取行动，以公正、有序和公平的方式在能源系统中脱离化石燃料，加速向低碳经济转型。已有近 120 个国家签署了《全球可再生能源和能源效率承诺》，同意到 2030 年将全球可再生能源装机容量增至三倍。22 个国家达成了《三倍核能宣言》，承诺共同努力推进到 2050 年将全球核能容量增加两倍，达到目前容量的三倍。该协议强调适应气候变化的重要性，要求各国加强适应气候变化的行动，提高应对气候变化的能力。特别关注那些因遭受气候变化影响造成损失的国家和地区，要求国际社会提供必要的支持和帮助。该协议鼓励发达国家向发展中国家提供资金和技术支持，帮助发展中国家提高应对气候变化的能力，实现绿色、低碳和可持续发展。阿联酋宣布捐款 300 亿美元成立一个新的气候基金，加速全球向低碳经济转型，并帮助贫穷国家减轻气候灾害。该协议要求各国定期报告其减排进展和措施，以确保各国在应对气候变化方面的行动是透明、可衡量、可报告和可核实的。该协议还涉及气候融资、碳捕集和封存技术等议题的讨论和合作。COP28 协议标志着化石燃料时代的"终结之始"。

5. IPCC 报告

IPCC 报告通常包括三个部分："自然科学基础""影响、适应和脆弱性"以及"减缓气候变化"。这些报告由世界顶级的气候科学家共同撰写，经过严格的审议和评估，具有很高的权威性和科学性。

"自然科学基础"部分主要评估全球气候系统的现状和趋势，包括大气、海洋、冰冻圈和生物圈等方面的变化；分析人类活动对气候系统的影响，特别是温室气体排放对全球变暖的贡献。"影响、适应和脆弱性"部分主要探讨气候变化对自然和人类社会的广泛影响，包括极端天气事件、海平面上升、农业生产、水资源、人类健康等方面的变化；评估不同国家和地区在气候变化面前的脆弱性，以及适应气候变化的措施和策略。"减缓气候变化"部分主要探讨提出减少温室气体排放的策略和措施，包括能源转型、节能减排、碳捕集和封存技术等；分析不同减排方案的成本效益和可行性，为各国政府制定气候政策提供科学依据。

IPCC 报告为全球气候治理提供了科学指导和依据，帮助各国政府制定气候政策和行动计划；促进了国际社会在气候变化领域的合作与交流，推动了全球气候治理体系的不断完善；提高了公众对气候变化问题的认识和关注度，激发了社会各界参与气候行动的积极性和热情。

（二）各国和地区对碳达峰碳中和的立场

各国和地区在碳达峰碳中和的立场上表现出了积极的态度和决心，截至 2024 年 5 月，全球已有 151 个国家和地区提出了碳中和目标，并通过政策与行动来实现这些承诺。

1. 中国

2020 年 9 月，中国向国际社会作出承诺，"力争 2030 年前实现碳达峰、2060 年前实现碳中和"。这意味着中国作为世界上最大的发展中国家，将用全球历史上最短的时间、最高的碳排放强度降幅实现从碳达峰到碳中和。中国秉持人类命运共同体的理念，建设性参与气候变化多边进程，为《巴黎协定》的达成、生效和顺利实施作出了历史性的贡献。

2. 美国

2017 年 6 月 1 日，特朗普宣布美国退出《巴黎协定》，但在 2021 年 1 月 20 日，拜登就任美国总统后，签署行政令，宣布美国将重新加入《巴黎协定》。美国能源信息署（EIA）预测，到 2035 年，美国 CO_2 排放总量虽然会有所波动，但美国能源消耗产生的 CO_2 排放量将持续下降。2025 年 1 月 20 日，特朗普再次就任总统，首日签署行政令，宣布美国将退出《巴黎协定》。联合国方面称，美国将于 2026 年 1 月 27 日正式退出该协定。

3. 欧盟

欧盟是全球温室气体排放较多的经济体之一，其历史累积温室气体排放量约占世界总量的 25%。欧盟是《巴黎协定》的坚定维护者和履约者，更是全球率先提出碳中和计划的经济体之一，目前已经构建了较完善的碳中和政策框架，具有很好的借鉴意义。其构建的碳中和政策框架包括部署了重点鲜明的关键行业减排措施，配套布局了科技研发项目，采取了多样化的财政与金融保障措施等。欧盟的碳中和政策框架包括将 2030 年温室气体减排目标从 50% ~ 55% 提高到 60%；修订气候相关政策法规；基于《欧洲绿色协议》与行业战略，统筹与协调欧盟委员会的所有政策与新举措；构建数字化的智能管理体系；完善欧盟碳排放交易体系；构建公正的转型机制；对欧盟的绿色预算进行标准化管理。

4. 日本

日本长期气候战略是到 2050 年在 2010 年的基础上减排 80%，并在"21世纪后半叶尽早"实现碳中和。日本政府也发布了针对碳排放和绿色经济的政策文件，如 2008 年 5 月的《面向低碳社会的十二大行动》及 2009 年 4 月的《绿色经济与社会变革》政策草案。2021 年 5 月，日本国会参议院正式通过修订后的《全球变暖对策推进法》，以立法的形式明确了日本政府提出的到 2050年实现碳中和的目标。

5. 韩国

2021 年 8 月，韩国国会通过了《碳中和与绿色增长框架法》，使韩国成为第 14 个承诺到 2050 年实现碳中和的国家，该法案要求政府到 2030 年将温室气体排放量在 2018 年的水平上减少 35% 或更多，即将温室气体排放量从 2018年记录的 7.28 亿吨至少减少到 4.73 亿吨。

6. 印度

2021 年 11 月，印度总理莫迪在 COP26 峰会上发表演说，宣布印度或将在2070 年实现零排放。莫迪为印度制订了五重计划：至 2030 年，将会提高非化石燃料能源发电量至 500 千兆瓦；到 2030 年，可再生能源将满足 50% 的电力需求；到 2030 年，将其总预计碳排放量减少 10 亿吨；此后逐步将经济的碳强度降低到 45% 以下；到 2070 年实现净零排放。但莫迪强调，为了达到这些目标，发达国家要给印度提供 1 万亿美元的气候融资，来推动节能减排的科研和基础设施建设。

7. 其他国家和地区

其他许多国家也设定了类似的减排目标，并采取了相应的政策措施来减少温室气体排放。发展中国家通常强调需要发达国家提供技术和财政支持，以帮助其实现减排目标。

各国的碳达峰碳中和目标反映了不同的经济、社会和环境背景。发达国家普遍设定了较为明确的目标，而发展中国家则更加关注经济发展与减排之间的平衡。需要注意的是，各国制定的目标和措施随着时间推移可能会发生变化，特别是随着技术进步和国际合作的深入，各国的立场和政策也会有所调整。

二、各国实现碳达峰碳中和目标的时间表及其影响因素

(一)时间表

各国对于碳达峰碳中和目标的设定,主要取决于其经济发展阶段、资源条件、技术水平以及国际责任等多个因素。图 3 - 1 列出了 2020 年前实现碳达峰的国家,图 3 - 2 列出了世界主要国家承诺实现碳中和的时间。此外,印度虽然尚未宣布明确的碳达峰时间,但其在第 26 届联合国气候变化大会上提出了到 2070 年实现净零排放的目标。

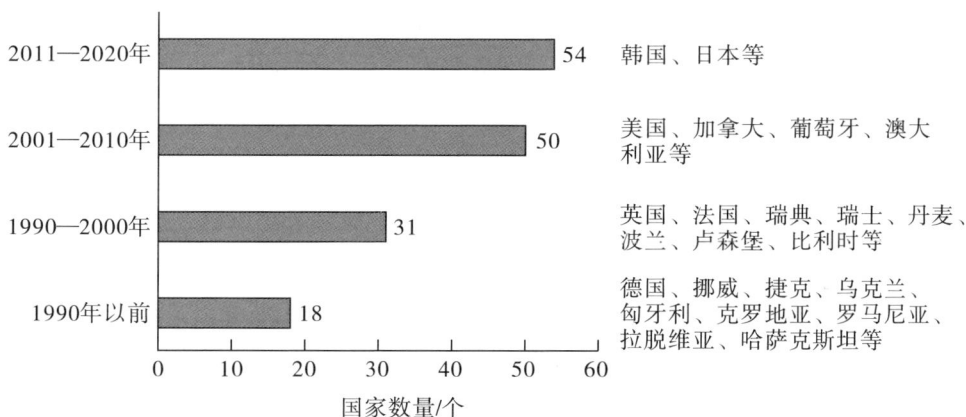

图 3 - 1 2020 年前实现碳达峰的国家

数据来源:https://www.thepaper.cn/newsDetail_forward_10857848.

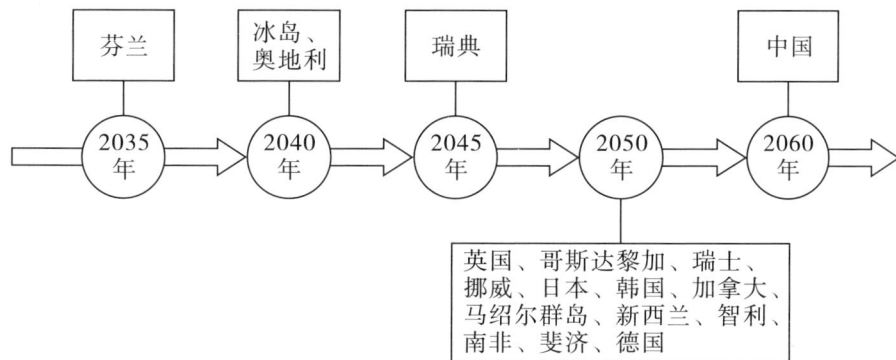

图 3 - 2 世界主要国家承诺实现碳中和的时间

（二）影响因素

一个国家的碳中和目标绝非单一因素所能决定，而是受到诸多因素的影响，包括其经济结构、能源资源状况、技术水平、政策法规、社会因素、国际压力与合作等。这些因素相互作用，决定了目标的设定以及实现的可能性。例如，德国作为工业发达国家，在可再生能源技术方面具有优势，同时公众环保意识强烈，因此设定了较为积极的 2050 年实现碳中和的目标。而一些发展中国家，如印度，由于仍处于经济快速发展阶段，产业结构有待优化，在设定碳中和目标时会更为谨慎，计划在 2070 年实现碳中和。

1. 经济结构

高能耗、高排放产业占比大的国家，实现碳中和的难度较大，目标设定可能相对保守。发展中国家可能更注重平衡经济增长与减排，而发达国家经济相对成熟，更有条件设定激进的目标。

2. 能源资源状况

化石能源储量丰富的国家可能在能源转型上相对迟缓，目标设定更谨慎。可再生能源（如太阳能、风能等）资源丰富的国家，更有信心设定较早的碳中和目标。

3. 技术水平

具备强大科研实力和创新能力的国家，能够更快实现技术突破，有助于其设定积极目标。先进的能效技术能降低能源消耗和排放，影响目标的设定。

4. 政策法规

严格的环境法规会促使国家设定更紧迫的碳中和目标，而对可再生能源的支持政策力度也会影响目标的设定。

5. 社会因素

公众对气候变化的关注度和环保意识，会推动政府设定更高目标。能源转型可能带来就业结构调整，因此，还需要考虑社会的承受能力。

6. 国际压力与合作

在国际社会对气候变化高度关注的背景下，来自国际的压力与合作机会会影响目标设定。

三、碳达峰碳中和的挑战与机遇

碳达峰碳中和目标的实现既面临着技术、经济、社会等多个方面的挑战，也蕴含着推动经济增长、促进技术创新和国际合作的巨大机遇。

（一）经济转型的挑战与机遇

实现碳达峰碳中和目标需要在技术创新和资金投入方面进行大规模且持续的努力，这不仅是技术上的挑战，还是资金筹集和政策制定上的考验。政府的引导和市场机制的激励，以及国际合作的支持，可以促进这一进程的发展。

1. **产业结构调整**

产业需要从依赖高碳排放的重工业向低碳或零碳产业转型，这可能涉及对传统产业的技术升级或淘汰，以及对新兴产业的培育和发展。

2. **能源结构重塑**

能源结构上，要实现清洁能源对化石能源的替代，需大力发展可再生能源，如风能、太阳能等，并加强能源的高效利用和储能技术的研发。

3. **技术创新与研发**

碳中和目标的实现需要大量技术创新，包括低碳技术、负排放技术等，还需要大量的研发投入和人才培养。

4. **基础设施建设**

为了支撑新的能源结构和产业结构，政府必须建设相应的基础设施，如智能电网、充电站、氢能供应网等。

5. **政策与法规调整**

政府需要制定相应的政策与法规来促进碳达峰碳中和目标的实现，包括碳定价机制、绿色金融政策、环境监管等。

6. **社会接受度提升**

实现碳达峰碳中和目标需要提高公众对碳达峰碳中和重要性的认识，鼓励绿色消费和低碳生活方式，形成全社会共同参与的氛围。

7. **资金投入**

实现碳中和目标需要巨额的资金投入，包括对可再生能源项目、技术研发、基础设施建设等方面的支持。

8. 国际合作

在全球范围内实现碳中和目标需要国际社会的共同努力和合作，包括技术交流、资金支持、共同制定国际标准等。

克服这些挑战需要政府、企业和社会各界的共同努力和智慧，通过制定适当的政策措施、加大技术研发投入以及加强国际合作，确保在实现"双碳"目标的同时，促进经济的平稳过渡和社会的可持续发展。

（二）技术创新和资金投入的需求

实现碳达峰碳中和目标将推动一系列技术创新和巨大的资金投入。

1. 技术创新需求

为实现碳中和，需要在多个领域推动技术创新。这包括但不限于能源绿色低碳转型、低碳与零碳工业流程再造、建筑与交通领域的低碳技术、负碳技术以及前沿颠覆性低碳技术。例如，2022 年 8 月，我国科技部会同发展改革委、工业和信息化部、生态环境部、住房和城乡建设部、交通运输部等九部门编制的《科技支撑碳达峰碳中和实施方案（2022—2030 年）》强调了加强科技支撑的重要性，并提出了包括能源、工业、建筑、交通等在内的多个重点领域的技术突破行动。

2. 资金投入规模

据不同机构的估算，实现碳中和目标所需的投资规模在百万亿元以上。例如，清华大学气候变化与可持续发展研究院分析了不同情景下我国碳减排路径和资金投入规模。结果显示，需要的投资规模在 127.2 万亿元至 174.4 万亿元之间。

3. 资金来源

如此庞大的资金需求无法仅靠政府投入来满足，需要引导和激励社会资本的参与。《国家发展改革委 市场监管总局 生态环境部关于进一步强化碳达峰碳中和标准计量体系建设行动方案（2024—2025 年）的通知》提到，要创新和优化投资机制，鼓励各类资本提升绿色低碳领域的投资比例，并引导社会资本参与绿色低碳项目的投资、建设与运营。

4. 政策支持与市场机制

为促进技术创新和资金投入，政府将通过财政资金支持、税收优惠、政府绿色采购等政策措施来推动绿色低碳产业发展。同时，政府将建立健全市场化多元化投入机制，如碳排放权交易市场、绿色金融产品等，以激励社会各界参与碳减排行动。

5. 国际合作

在技术创新和资金投入方面，国际合作同样至关重要。各国通过与国际组织和其他国家的合作，可以共享知识、技术和资金，加速实现碳中和目标。

（三）社会接受度和政策执行的障碍

社会接受度和政策执行的障碍也使得碳达峰碳中和目标的实现面临一些挑战。

1. 社会接受度的障碍

（1）公众认知不足

许多民众对气候变化的影响和紧迫性缺乏足够的了解，这降低了他们对碳达峰碳中和目标的支持度。政府需要通过加强气候变化的科普教育，增强公众意识。

（2）经济负担担忧

低碳转型可能会增加生活成本（如能源价格上升），容易引起低收入家庭对经济负担的担忧。政府可以通过补贴、税收减免等措施减轻民众负担。

（3）就业市场变化

传统高碳行业的转型会导致部分工人失业，这会引起社会不安，因此需要提供再培训计划和新的就业机会，确保劳动力平稳过渡。

（4）生活方式改变

低碳生活意味着需要改变一些日常习惯，如减少使用私家车、增加公共交通的使用等。政府需要通过宣传教育，鼓励民众接受并适应新的生活方式。

2. 政策执行的障碍

（1）政策协调有难度

碳达峰碳中和目标需要跨部门合作，但在实践中可能存在政策不一致的情况。政府需要建立统一的协调机制，确保政策的一致性和连贯性。

（2）地方利益冲突

地方政府可能出于经济发展考量而忽视减排目标。地方政府需要通过中央政府的指导和激励措施，平衡经济发展与减排目标。

（3）监管能力不足

政府缺乏有效的监测和评估机制，难以确保减排目标的落实。政府需要建立健全监管体系，提高执行力度。

（4）国际合作挑战

全球气候治理需要国际社会的共同努力，但各国之间的利益诉求不同，合作存在困难。各国需要加强国际合作，通过国际协议和技术转移等方式共同应对气候变化。

因此，各国只有通过加强公众教育、平衡经济利益、完善政策机制以及加强国际合作，才能有效地克服这些障碍，促进目标的顺利实现。同时，各国需要持续关注社会动态，及时调整策略，确保政策的有效实施。

第三节　我国碳达峰碳中和政策体系和实施措施

一、碳达峰碳中和目标的提出背景及阶段目标

（一）背景

中国碳达峰碳中和目标的提出，是基于对国内外形势的深入分析和对国家长远发展战略的考虑。这一目标不仅是对全球气候变化挑战的响应，还是推动国内经济高质量发展、促进生态文明建设的内在要求。

1. **全球气候变化的压力**

科学家们普遍认为，气候变化是人类面临的重大全球性挑战，全球平均表面温度在过去一百多年里呈现出上升的趋势。随着各国 CO_2 排放量的增加，温室气体猛增，对生态系统构成了威胁。为了应对这一挑战，国际社会通过全球协议的方式共同减排温室气体，中国在此背景下提出了碳达峰碳中和的目标。

2. **国内可持续发展的需求**

中国作为世界第二大经济体和最大的发展中国家，正处于快速发展阶段，这需要大量的资源和能源支持。经济和社会各行业的快速增长也会带来 CO_2 排放量的增加。实现碳达峰碳中和目标既是中国实现可持续发展的内在要求，也是加强生态文明建设、实现美丽中国目标的重要抓手。

3. **国际责任与担当**

作为负责任的大国，中国需要履行国际责任，推动构建人类命运共同体。

通过提出并实现碳达峰碳中和目标，中国展现了其在全球气候治理中的领导力和责任感。

4.全球趋势与共识

2020年被认为是碳中和元年，许多国家纷纷更新了各自的NDCs，并提出了碳中和目标。全球开启了迈向碳中和目标的国际进程，这对未来世界经济和国际秩序产生了重要影响。

（二）阶段目标

1.短期目标（2021—2025）

碳排放强度降低，能源结构优化，重点行业采取减排措施。到2025年，非化石能源消费比重达到20%左右，单位国内生产总值能源消耗比2020年下降13.5%，单位国内生产总值CO_2排放比2020年下降18%，为实现碳达峰奠定坚实基础。

2.中期目标（2026—2030）

碳排放达峰，清洁能源比例提升，技术创新和应用。到2030年，非化石能源消费比重达到25%左右，单位国内生产总值CO_2排放比2005年下降65%以上，顺利实现2030年前碳达峰目标。

3.长期目标（2031—2060）

碳排放逐步减少，实现碳中和，生态修复和环境改善，构建绿色低碳、循环发展的经济体系和清洁低碳、安全高效的能源体系，非化石能源消费比重达到80%以上，碳中和指标顺利实现，生态文明建设成果显著，创造人与自然和谐共生的新境界。

二、我国碳达峰碳中和政策体系

（一）国家层面的政策框架

为实现碳达峰碳中和目标，我国已构建起碳达峰碳中和"1＋N"政策体系。

1."1"方面

"1"指的是《中共中央　国务院关于完整准确全面贯彻新发展理念做好

碳达峰碳中和工作的意见》（2021 年 9 月发布）。这是指导我国实施双碳目标的最高政策文件，将会对各行业、各领域的配套措施进行政策导向和支持。该文件在碳达峰碳中和"1 + N"政策体系中发挥统领作用，明确了总体要求、主要目标以及推进经济社会发展全面绿色转型、深度调整产业结构、加快构建清洁低碳安全高效能源体系等重点任务。

2. "N" 方面

"N"则是指国务院印发的以《2030 年前碳达峰行动方案》（2021 年 10 月发布）为首的一系列政策措施，包括能源、工业、交通运输、城乡建设等分领域分行业碳达峰实施方案，以及科技支撑、能源保障、碳汇能力、财政金融价格政策、标准计量体系、督察考核等保障方案。这些政策文件共同构成了目标明确、分工合理、措施有力、衔接有序的碳达峰碳中和政策体系。如：①重点领域和行业的碳达峰实施方案。②支持绿色低碳发展的财政、金融政策。③相关法律法规修订和完善。④碳排放权交易市场建设和运行规则。⑤技术研发和推广应用的激励措施。⑥能源结构调整和能效提升的政策措施。⑦促进可再生能源发展的政策支持。⑧绿色基础设施建设和改造的标准与规范。⑨生态环境保护和修复的相关政策。⑩国际合作框架下的政策对接与协调……

（二）地方政府和行业层面政策

我国在实现碳达峰碳中和目标的过程中，地方政府发挥着重要作用。根据国家的总体部署，各地政府结合本地实际情况，制定符合自身特点的碳达峰碳中和行动计划、指导意见、实施方案、财政支持措施、技术创新和支持措施等政策性文件，如广东省人民政府于 2022 年 6 月发布《广东省碳达峰实施方案》；湖南省人民政府于 2022 年 10 月发布《湖南省碳达峰实施方案》；广西壮族自治区人民政府于 2022 年 12 月发布的《广西壮族自治区碳达峰实施方案》；广州市人民政府于 2024 年 7 月发布《国家碳达峰试点（广州）实施方案》等。

除此以外，不同行业为实现碳达峰碳中和目标也在积极作出努力。

1. 能源行业

为实现碳达峰碳中和目标，能源行业出台了一系列政策文件，如国家发展改革委、国家能源局联合发布了系列文件，包括《国家发展改革委　国家能源局关于推进电力源网荷储一体化和多能互补发展的指导意见》（2021 年 2

月）、《国家发展改革委　国家能源局关于加快推动新型储能发展的指导意见》（2021 年 7 月）、《国家发展改革委　国家能源局关于开展全国煤电机组改造升级的通知》（2021 年 10 月）、《国家发展改革委　国家能源局关于完善能源绿色低碳转型体制机制和政策措施的意见》（2022 年 1 月）等，旨在推动煤炭清洁高效利用，促进煤炭消费转型升级；推动能源结构的绿色低碳转型，加快非化石能源如风电、太阳能等的开发，同时提高能源利用效率和优化能源消费结构。

2．工业领域

工业和信息化部、国家发展改革委、生态环境部于 2022 年 8 月联合印发了《工业领域碳达峰实施方案》，该方案旨在加快推进工业绿色低碳转型，切实做好工业领域碳达峰工作。

2024 年 2 月工业和信息化部办公厅印发了《工业领域碳达峰碳中和标准体系建设指南》，该指南提出了工业领域碳达峰碳中和标准体系框架，规划了重点标准的研制方向，注重和现有工业节能与综合利用标准体系、绿色制造标准体系的有效衔接，旨在通过加快标准制定，持续完善标准体系，推进工业领域向低碳、零碳发展模式转变。

3．建筑行业

2024 年 3 月，国家发展改革委与住房和城乡建设部联合发布了《加快推动建筑领域节能降碳工作方案》，进一步推动既有建筑节能改造，推广绿色建筑和超低能耗建筑，提升公共建筑能效水平，并加强可再生能源在建筑中的应用。

4．交通行业

国家铁路局联合国家发展改革委、生态环境部、交通运输部、国铁集团于 2024 年 2 月印发了《推动铁路行业低碳发展实施方案》。该方案旨在深入贯彻《交通强国建设纲要》《中共中央　国务院关于完整准确全面贯彻新发展理念做好碳达峰碳中和工作的意见》《2030 年前碳达峰行动方案》，认真落实交通运输领域绿色低碳发展实施方案，扎实做好铁路领域应对气候变化和节能减排的各项工作，积极稳妥推进铁路领域碳达峰碳中和任务目标，加快推动新时代铁路绿色低碳发展。

交通运输部综合规划司于 2024 年 5 月发布了《公路水路行业营运工具二氧化碳排放强度核算指南（试行）》，旨在贯彻落实《2030 年前碳达峰行动方案》和公路水路行业绿色低碳发展的相关政策文件部署要求。

交通运输部和财政部于 2024 年 7 月联合发布了《新能源城市公交车及动力电池更新补贴实施细则》。2024 年 8 月，《交通运输部关于做好老旧营运船舶报废更新政策实施工作的通知》颁布。这些政策旨在更好地实施新能源城市公交车及动力电池设备更新补贴政策，引导消费者的消费观念向绿色低碳转型，以构建绿色低碳交通体系，助力实现碳达峰碳中和目标。

5. 农业农村

2022 年 5 月，农业农村部与国家发展改革委联合发布了《农业农村减排固碳实施方案》，进一步推动农业绿色发展，促进农业固碳增效，发展生态农业和循环经济，提高农业资源的利用效率。

6. 数字经济

国家发展改革委、中央网信办、工业和信息化部、国家能源局于 2021 年 11 月联合研究制定，并于 2021 年 12 月正式对外发布《贯彻落实碳达峰碳中和目标要求　推动数据中心和 5G 等新型基础设施绿色高质量发展实施方案》。该实施方案明确提出了到 2025 年的发展目标，即数据中心和 5G 基本形成绿色集约的一体化运行格局。这包括提升数据中心运行电能利用效率、提升可再生能源利用率等目标，明确了强化统筹布局、提高算力能效等主要任务。该实施方案为数据中心和 5G 等新型基础设施的绿色高质量发展提供了明确的目标和路径，有助于实现碳达峰碳中和目标，并推动数字技术与绿色低碳经济的深度融合。

7. 金融支持

中国人民银行、国家发展改革委、工业和信息化部、财政部、生态环境部、金融监管总局、中国证监会七部门于 2024 年 3 月联合印发的《关于进一步强化金融支持绿色低碳发展的指导意见》，旨在发展绿色金融，引导金融机构为绿色低碳项目提供资金支持，包括绿色信贷、绿色债券等金融工具。

（三）绿色金融和投资政策

为促进经济社会的可持续发展，减少环境污染，提高资源利用效率，我国制定了一系列的绿色金融和投资政策，支持碳达峰碳中和目标。如 2024 年 3 月发布的《关于进一步强化金融支持绿色低碳发展的指导意见》提出，未来 5 年构建国际领先的金融支持绿色低碳发展体系，2035 年金融支持绿色低碳发展的标准体系和政策支持体系更加成熟。

2024年7月,《中共中央　国务院关于加快经济社会发展全面绿色转型的意见》发布。该意见是中央层面首次对加快经济社会发展全面绿色转型进行系统部署,其中"完善绿色转型政策体系"的"丰富绿色转型金融工具"部分,专门提到了积极发展绿色股权融资、绿色融资租赁、绿色信托等金融工具,有序推进碳金融产品和衍生工具创新。这一政策的提出,旨在通过丰富绿色转型金融工具,为经济社会发展全面绿色转型提供有力的金融支持,推动形成节约资源和保护环境的空间格局、产业结构、生产方式、生活方式,全面推进美丽中国建设,加快推进人与自然和谐共生的现代化。

三、我国碳达峰碳中和实施措施

(一) 能源结构调整

能源结构调整是我国在实现碳达峰碳中和目标过程中的一项关键任务。我国的能源结构调整旨在构建一个低碳、高效、可持续的能源体系,这不仅需要政府的强有力引导,还需要全社会的广泛参与和支持。

1. 推进煤炭消费替代和转型升级

我国加快煤炭减量步伐, "十四五"时期严格合理控制煤炭消费增长, "十五五"时期逐步减少煤炭消费,严格控制新增煤电项目,使新建机组煤耗标准达到国际先进水平,有序淘汰煤电落后产能,加快现役机组节能升级和灵活性改造,积极推进供热改造,推动煤电向基础保障性和系统调节性电源并重转型。

2. 大力发展新能源

我国全面推进风电、太阳能发电大规模开发和高质量发展,坚持集中式与分布式并举,加快建设风电和光伏发电基地。我国加快建设新型电力系统,推动"新能源+储能",如抽水蓄能和电化学储能,探索分布式绿色电网和氢储能规模应用。

3. 提升能源利用效率

在工业领域,我国加快实施能效提升计划,采用先进的生产工艺和技术;在交通领域,我国推广新能源汽车,建设充电基础设施;在建筑领域,我国推行绿色建筑标准，提高建筑能效。

4. 加强能源储运调峰体系建设

我国加强能源输送网络和储存设施，健全能源储运和调峰应急体系，不断提升能源供应的质量和安全保障能力。

5. 加快规划建设新型能源体系

为确保能源安全，我国重点控制煤炭等化石能源消费，加强煤炭清洁高效利用，大力发展非化石能源，加快构建新型电力系统。

（二）工业领域减排和能源效率提升

实现碳达峰碳中和是一个长期而复杂的过程，需要政府、企业和社会各方共同努力，采取综合措施，推动工业领域减排和能源效率提升，为实现碳达峰碳中和目标作出积极贡献。

1. 工业领域减排

我国推动工业领域绿色低碳发展，优化产业结构，加快淘汰落后产能，发展新兴产业，并对传统产业进行绿色低碳改造。

针对钢铁、有色金属、建材、石化化工等重点行业，我国制订具体的碳达峰实施方案，通过产能置换政策、淘汰落后产能、推广清洁能源替代等措施，降低行业碳排放。

我国坚决遏制"两高"项目盲目发展，对在建项目进行全面排查，对不符合要求的项目进行整改，科学评估拟建项目，提高准入标准，深入挖潜存量项目，加快淘汰落后产能。

此外，国家发展改革委、工业和信息化部等相关部门将负责统筹协调，确保各地区各领域落实碳达峰碳中和的主要目标和任务，强化绿色低碳发展规划引领，优化绿色低碳发展区域布局，加快形成绿色生产生活方式。

2. 能源效率提升

我国把节能提效作为满足能源消费增长的优先来源，调整优化用能结构，推动工业用能电气化，加快工业绿色微电网建设，实施节能降碳改造升级，提升重点用能设备能效。

我国推动新一代信息技术与制造业深度融合，建立数字化碳管理体系，推进"工业互联网＋绿色低碳"，利用大数据、5G、工业互联网等技术进行工艺流程和设备的绿色低碳升级改造。

国家能源局表示将加快推动能源结构调整优化，持续加大非化石能源供给，逐步有序淘汰落后产能，推动煤矿、油气田与新能源融合发展；到 2025 年，终端用能电气化水平达到 30% 左右，并加大低碳、零碳、负碳技术攻关力度，不断完善促进能源转型的体制机制和政策体系。

（三）交通系统优化和建筑节能

中国在交通系统优化和建筑节能方面采取了一系列综合措施，旨在减少这两个领域的碳排放量，从而为实现国家的碳达峰碳中和目标作出贡献。这些措施涉及技术创新、政策制定和基础设施建设等多个方面，共同推动了低碳、绿色和可持续发展的转型。随着这些措施的不断深化和实施，预计将会带来显著的减排效果。

1．交通系统优化

根据《绿色交通"十四五"发展规划》，中国将推动低碳交通基础设施建设，包括提升车站、铁路、机场等用能电气化水平，推动非道路移动机械新能源化，加快船舶和港口岸电设施匹配改造。同时，鼓励交通枢纽场站及路网沿线建设光伏发电设施，加强充电基础设施建设，并因地制宜发展城市轨道交通、快速公交系统。

国务院于 2024 年 5 月印发的《2024—2025 年节能降碳行动方案》提出，到 2025 年，交通运输领域 CO_2 排放强度较 2020 年降低 5%，并推进城市公共交通优先发展战略，加快城市货运配送绿色低碳、集约高效发展。

2．建筑节能

2022 年 3 月，由住房和城乡建设部印发的《"十四五"建筑节能与绿色建筑发展规划》明确提出，到 2025 年，城镇新建建筑全面建成绿色建筑，建筑能源利用效率稳步提升，建筑用能结构逐步优化。规划提出，完成既有建筑节能改造面积 3.5 亿平方米以上，建设超低能耗、近零能耗建筑 0.5 亿平方米以上，装配式建筑占比达到 30%，推动可再生能源的应用。

2024 年 3 月，国务院转发由国家发展改革委、住房和城乡建设部联合制订的《加快推动建筑领域节能降碳工作方案》。该方案指出，到 2025 年，建筑领域节能降碳制度体系将更加健全，新建建筑全面执行绿色建筑标准，新建超低能耗、近零能耗建筑面积比 2023 年增长 0.2 亿平方米以上，完成既有建筑节能改造面积比 2023 年增长 2 亿平方米以上。

（四）碳汇建设

中国在绿碳技术方面已经取得了显著进展，通过实施一系列政策、技术和管理措施，提高了森林、草地和海洋等生态系统的碳汇能力，为实现碳中和目标作出积极贡献。

1. 森林碳汇建设

2021 年 12 月，中国首个林业碳汇国家标准《林业碳汇项目审定和核证指南》颁布并实施。2023 年 9 月，中共中央办公厅、国务院办公厅印发的《深化集体林权制度改革方案》提出，建立健全林业碳汇计量监测体系，形成林业碳汇核算基准线和方法学，支持将符合条件的林业碳汇项目开发为温室气体自愿减排项目并参与市场交易，建立健全能够体现碳汇价值的生态保护补偿机制。

我国多地持续加大森林碳汇建设力度。例如，黑龙江建成省级林业碳汇交易体系，出台了"林业碳汇项目工作方案"和"项目交易管理办法"，建成"龙江绿碳"管理平台，实现全省林业碳汇资源的动态管理。该省于 2024 年举行林业碳汇交易启动仪式，首批"龙江绿碳"交易协议被签署，签约总额 428.5 万元，且首批"龙江绿碳"所得费用将无偿捐赠给第九届亚冬会，助力实现碳中和。内蒙古 2023 年实现林业碳汇交易约 2 700 万元。山东探索并推广金融支持林业碳汇项目的场景及配套服务。贵州探索以林业碳汇为重要载体的生态产品价值实现机制。四川、福建等省探索建立林业碳汇高质量发展体系，提高森林蓄积量。

2. 草地碳汇建设

我国是草原大国，草地面积约为 2.6 亿公顷，草原是仅次于森林的第二大碳库。据测算，我国草原碳总储量占我国陆地生态系统的 16.7%，我国的草原生态系统碳储量占世界草原生态系统的 8% 左右，典型草原和草甸储存了全国草地有机碳的三分之二。通过实施种草改良、草原禁牧和草畜平衡等措施，我国草原每年固碳能力可达 1 亿吨，且随着国家对草原生态修复投入力度的加大，草原固碳能力还将保持较长时间，为我国实现"双碳"目标作出新的贡献。

不过，目前草地碳汇交易尚处于探索阶段，存在地方性政策法规不健全、评价标准和体系不完善、缺乏专业人才、牧民参与意愿低等问题。要进一步推动草地碳汇建设与交易，需完善相关政策，加强要素支持，包括保护草原生态系统、增强技术支持、加强人才支持等；以碳排放权交易推进草地碳汇交易市场建设；持续推进草地碳汇试点建设，在草地碳汇核算方法、项目运行机制、市场交易机制、政府管理体制等方面进行探索，提供可复制的经验和示范。

2023 年 12 月，全国草地管理土壤碳汇潜力分析项目启动会在北京举行，该项目围绕我国草地土壤碳储量估算等问题展开研究，明确不同情景下草地土壤碳汇潜力，绘制全国草地土壤碳汇潜力分布图，为碳达峰碳中和政策制定和国际履约提供技术支持。

3. 海洋碳汇建设

我国海洋碳汇建设起步较晚，但目前在制度建设、基础科研、监测调查评估与标准化体系建设等方面的工作正在加紧开展。2020 年"双碳"目标提出后，海洋碳汇制度建设进入新阶段，其在国家"五位一体"总体布局中的定位更清晰。多部国家政策文件强调，要整体推进海洋生态系统保护和修复，稳定现有海洋固碳作用，提升红树林、海草床、盐沼等固碳能力，开展海洋碳汇本底调查和碳储量评估，实施生态保护修复碳汇成效监测评估等。此后，浙江、天津、广东等地也出台了相关政策，推动海洋碳汇核算方法学研究、增强海洋碳汇能力、发展海洋碳汇经济等。

以海南为例，在技术支撑方面，其发布了我国首个备案的红树林碳汇项目方法学；全面开展红树林、海草床、大型海藻等碳汇调查与评估；开展相关生态修复研究与创新试点等。2022 年 5 月，海南完成省内首单蓝碳生态产品价值实现，且主动搭建蓝碳市场交易平台，建立海南国际碳排放权交易中心，开展碳汇试点示范，探索碳汇计量方法学研究等。2023 年 9 月 15 日，广西首宗"蓝碳"（海洋碳汇）交易在北部湾产权交易所集团广西（中国－东盟）蓝碳交易服务平台挂牌成交，标志着广西落实国家蓝碳先行先试工作取得实质进展。

（五）公众意识提升

为了增强公众对碳达峰碳中和目标的理解和支持，提高公众对碳达峰碳中和的认识和理解，增强公众的环保意识和责任感，促进公众积极参与碳达峰碳中和行动，形成全社会共同参与的良好氛围，我国采取的主要措施如下：

1. 加强宣传教育

我国通过各种媒体和渠道，广泛宣传碳达峰碳中和的重要意义、目标任务和政策措施，提高公众对气候变化问题的认识和关注。例如，我国举办"全国低碳日"主场活动、"公众参与低碳发展"论坛等相关活动，开展形式多样的低碳宣传活动。

2. 推广绿色低碳生活方式

我国鼓励公众采取绿色低碳的生活方式，如节约能源、减少浪费、绿色出行、垃圾分类等，形成全社会共同参与的良好氛围。例如，我国发布并上线"低碳冬奥"微信小程序，利用数字化技术手段记录用户在日常生活中的低碳行为轨迹，鼓励和引导社会公众践行绿色低碳生活方式。

3. 加强教育培训

我国将碳达峰碳中和相关知识纳入国民教育体系，加强对青少年的教育培养，增强他们的环保意识和责任感。例如，教育部于 2022 年 10 月印发的《绿色低碳发展国民教育体系建设实施方案》，把绿色低碳发展理念全面融入国民教育体系各个层次和各个领域，培养践行绿色低碳理念、适应绿色低碳社会、引领绿色低碳发展的新一代青少年。

4. 推动公众参与

我国建立健全公众参与机制，鼓励公众积极参与碳达峰碳中和行动，如参与节能减排、植树造林等活动，发挥公众在监督和推动碳达峰碳中和工作中的作用。例如，"绿普惠云—碳减排数字账本"云平台首次亮相，通过计算引擎将碳减排标准模型化输出，帮助企业量化、记录用户的碳减排行为，输出个人、企业、政府"三位一体"的碳账本，数字化动态展现所有个体和团体对碳中和的贡献。

5. 强化政策引导

我国制定和完善相关政策法规，引导企业和社会公众积极参与碳达峰碳中和行动，对节能减排、可再生能源等领域给予政策支持和激励。例如，人民网文章《加快形成减污降碳的激励约束机制》指出，我国通过补贴或税收优惠等方式，支持可再生能源发电规模化应用和新能源汽车产业发展；通过大气污染防治资金、相关部门预算资金等，支持提升应对气候变化基础能力建设。

（六）碳核算体系建设

中国碳核算体系建设是一个重要的政策方向，旨在建立一套科学、统一、规范的碳排放统计核算体系，以支持国家的碳达峰碳中和目标。

1. 统一规范的碳排放统计核算体系

国家发展改革委、国家统计局、生态环境部于 2022 年 4 月联合印发了《关于加快建立统一规范的碳排放统计核算体系实施方案》，明确提出到 2025 年，进一步完善统一规范的碳排放统计核算体系，提高数据质量，为碳达峰碳中和工作提供全面、科学、可靠的数据支持。

2. 碳核算方法的探索与实践

中国金融业已经开始探索适合金融机构的碳核算方法，如中节能咨询有限公司开展的中国金融业碳核算方法研究，旨在形成适用于我国银行业金融机构对公信贷碳核算的可复制、可推广的方法和路径。

3. 碳足迹核算报告

例如，清华大学经济管理学院发布了碳足迹核算报告，展示了学院在能源使用、办公和出行等方面的碳排放情况，并提出了相应的低碳措施。

4. 发展全国碳市场

《全国碳市场发展报告（2024）》显示，全国碳排放权交易市场制度框架体系基本完成，法规保障得到加强，配套技术规范不断完善，为市场平稳有序运行夯实了基础。

5. 形成碳核算标准体系

中国初步形成了层次丰富、覆盖面较广的标准体系，包括企业、产品和项目三个不同层面的核算，以及重点行业碳排放核算标准规范的制定和修订。

6. 建设碳核算数据库

中国碳核算数据库（CEADs）致力于构建可交叉验证的多尺度碳排放核算方法体系，为多尺度统一（国家、区域、城市、基础设施）、全口径、可验证的高空间精度、分社会经济部门、分能源品种品质的精细化碳核算数据平台。

此外，2024 年 7 月 14 日，《国家发展改革委 市场监管总局 生态环境部关于进一步强化碳达峰碳中和标准计量体系建设行动方案（2024—2025 年）的通知》正式公布，以加快推进碳达峰碳中和标准计量工作，有效支撑我国碳排放双控（即碳排放总量和强度双控）和碳定价政策体系建设。该方案提出到 2025 年的相关目标，包括发布多项碳核算等国家标准，基本实现重点行业企业碳排放核算标准全覆盖；基本形成面向企业、项目、产品的三位一体碳排放核算和评价标准体系，建设百家企业和园区碳排放管理标准化试点；研制多项计量标准和标准物质，开展多项关键计量技术研究，制定多项"双碳"领域国家计量技术规范，使关键领域碳计量技术取得重要突破，基本具备重点用能和碳排放单位碳计量能力等，并围绕"双碳"标准和计量工作，有针对性地部署实施多项重点任务。

四、中国在全球气候治理中的地位和责任

中国在推动全球气候治理的进程中扮演着举足轻重的角色，身为一个具有责任感的全球性大国，中国不仅庄严地提出了自身的减排目标，还凭借技术创新的前沿探索、深化国际合作的开放姿态以及技术转移的无私分享，为全球气候治理的宏伟蓝图添上了浓墨重彩的一笔。这些卓有成效的努力，充分彰显了中国在全球气候治理舞台上的责任担当与卓越领导力。

（一）中国在全球气候治理中的地位

1. **中国是全球气候治理中的引领者**

中国积极推动全球气候治理进程，提出一系列具有前瞻性和建设性的理念和倡议。例如，中国提出的"绿水青山就是金山银山"理念，为全球可持续发展提供了新的思路。

2. **中国是全球气候治理中最大的发展中国家**

中国的行动和决策对其他发展中国家具有重要的示范和引领作用。在应对气候变化方面，中国的成功经验为广大发展中国家提供了可借鉴的模式。

3. **中国是全球气候治理中的减排主力军**

中国是全球较大的温室气体排放国之一，其减排行动对全球温室气体排放的控制具有举足轻重的影响。

4. **中国是全球气候治理中重要的技术贡献者**

中国在可再生能源、新能源汽车等领域取得了显著成就，为全球气候治理提供了技术支持和解决方案。比如，中国的太阳能光伏产业在全球处于领先地位。

（二）中国在全球气候治理中承担的责任

1. **国内减排行动**

中国坚定不移地推进碳达峰碳中和目标，通过调整能源结构、优化产业布

局、加强生态保护等一系列措施，实现自身的绿色低碳发展。例如，大力发展风能、太阳能等清洁能源，逐步减少对煤炭等高碳能源的依赖。

2. 国际合作推动

中国积极参与国际气候谈判和合作，与其他国家共同制定应对气候变化的规则和行动计划，如在《巴黎协定》的达成和实施过程中发挥了重要作用。

3. 资金和技术支持

中国向其他发展中国家提供资金援助和技术转让，帮助它们提升应对气候变化的能力，如设立中国气候变化南南合作基金，支持发展中国家的相关项目。

4. 理念传播

中国在国际舞台上传播绿色发展理念，倡导构建人类命运共同体，推动全球形成共同应对气候变化的共识。

五、碳达峰碳中和目标的提出对国家发展的意义

1. 推动经济结构优化升级

通过实现碳达峰碳中和目标，中国将加快调整优化产业结构和能源结构，推动煤炭消费尽早达峰，并大力发展新能源。这有利于促进经济结构的绿色转型，为高质量发展奠定基础。

2. 促进技术创新与产业升级

实现碳达峰碳中和目标将促使中国加大在绿色低碳技术方面的研发投入，加速技术创新和产业化。这有助于培育新的经济增长点，增强产业竞争力。

3. 提高能源安全与自给率

中国通过减少对外部能源的依赖，尤其是对化石燃料的依赖，可以提高能源安全水平。中国发展可再生能源和提高能效可以降低能源进口需求，减少对外部市场的依赖。

4. 提升国际形象与软实力

中国通过实现碳达峰碳中和目标，不仅展现了其在全球气候治理中的领导力，还提升了国际形象和软实力。这对于提升中国在全球事务中的影响力具有重要意义。

5. 改善生态环境与人民福祉

减少温室气体排放有助于改善空气质量和生态环境，提高人民的生活质

量。实现碳达峰碳中和目标还可以降低极端天气事件的发生频率和强度，保护人民的生命财产安全。

6. 促进国际合作与共赢

通过参与国际气候治理和提供技术援助与资金支持，中国可以加强与其他国家的合作，共同应对气候变化的挑战。这种合作不仅有助于实现全球气候目标，还有利于维护全球和平与稳定。

思 考 题

1. 简述碳达峰、碳中和的含义，并阐述二者之间的关系。
2. 什么是净零排放？
3. 什么是零碳产业？
4. 简述碳核算的概念及其范围。
5. 简述碳核算的目的。
6. 什么是碳足迹？
7. 实现碳达峰碳中和对减缓气候变化的重要性体现在哪些方面？
8. 碳中和对长期气候稳定的作用体现在哪些方面？
9. 碳达峰碳中和对公共健康和生活质量有哪些积极影响？
10. 气候变化会造成哪些不可逆影响？
11. 列举主要的国际气候变化协议。
12. 影响碳中和目标设定的因素有哪些？
13. 列举世界主要国家承诺实现碳中和的时间。
14. 碳达峰碳中和目标的实现面临哪些挑战？
15. 碳达峰碳中和目标的实现在社会接受度方面有哪些障碍？
16. 碳达峰碳中和目标的实现在政策执行方面有哪些障碍？
17. 简述中国在全球气候治理中的地位和承担的责任。
18. 简述中国碳达峰碳中和目标提出的背景。
19. 碳达峰碳中和目标的提出对国家发展有何重要意义？
20. 简述我国构建的碳达峰碳中和"1 + N"政策体系。
21. 为实现碳达峰碳中和目标，我国在能源结构调整方面采取了哪些措施？

22. 简述中国目前在森林碳汇、草地碳汇和海洋碳汇方面取得的主要进展。

23. 为了提升公众对碳达峰碳中和目标的意识，中国政府采取了哪些主要措施？

24. 中国碳核算体系建设包括哪些方面？

参考文献

［1］魏一鸣，余碧莹，唐葆君，等. 中国碳达峰碳中和时间表与路线图研究［J］. 北京理工大学学报（社会科学版），2022，24（4）：13－26.

［2］曾诗鸿，李根，翁智雄，等. 面向碳达峰与碳中和目标的中国能源转型路径研究［J］. 环境保护，2021，49（16）：26－29.

［3］吴晓华，郭春丽，易信，等.“双碳”目标下中国经济社会发展研究［J］. 宏观经济研究，2022（5）：5－21.

［4］舒印彪，张丽英，张运洲，等. 我国电力碳达峰、碳中和路径研究［J］. 中国工程科学，2021，23（6）：1－14.

［5］李晋，谢璨阳，蔡闻佳，等. 碳中和背景下中国钢铁行业低碳发展路径［J］. 中国环境管理，2022，14（1）：48－53.

［6］贾璐宇，王克. 碳中和背景下中国交通部门低碳发展转型路径［J］. 中国环境科学，2023，43（6）：3231－3243.

［7］翁玉艳. 碳市场在全球碳减排中的作用研究［D］. 北京：清华大学，2018.

［8］李梦宇，王健，田野. 碳达峰碳中和目标下中国经济产业发展研究［J］. 全球能源互联网，2024，7（6）：629－639.

［9］邓燕芳. 基于碳达峰、碳中和目标的建筑节能策略［J］. 低碳世界，2024，14（12）：91－93.

［10］金之钧，张川. 面向碳中和的中国能源转型路径思考［J］. 北京大学学报（自然科学版），2024，60（4）：767－774.

第四章　实现碳达峰碳中和的主要碳汇技术

第一节　碳汇技术概述

一、碳汇的定义

根据《联合国气候变化框架公约》的定义，"碳汇"指的是从大气中清除二氧化碳（CO_2）等温室气体的过程、活动或机制。碳汇的概念还包括了碳循环和碳储存的时间尺度。一个有效的碳汇不仅能够吸收大量的 CO_2，而且能够长期稳定地储存这些碳，避免其重新释放到大气中。碳汇的存在对于缓解全球气候变化、降低温室气体浓度具有重要意义。

二、碳汇的分类

碳汇可分为自然碳汇和人造碳汇两大类。自然碳汇是指自然界中能够从大气中吸收并储存 CO_2 的系统，这些系统通过自然过程吸收 CO_2，主要包括森林碳汇、草地碳汇、湿地碳汇、土壤碳汇、海洋碳汇、农田碳汇等。人造碳汇指的是人类通过技术手段或者特定的人为活动来增加从大气中吸收和储存 CO_2 的能力。人造碳汇通常涉及一些直接干预自然系统或利用工程技术的方法。碳汇按固碳机制不同，可分为以下三种：

（一）生物固碳

生物固碳是指利用生物的光合作用、化能合成作用或生物矿化作用等，将大气中的 CO_2 转化为有机碳或无机碳并储存在生物体或土壤中，从而降低大气中 CO_2 浓度的过程。

（二）物理固碳

物理固碳是指将大气中的 CO_2 通过物理手段直接捕集并封存在特定场所中的过程。具体来说，物理固碳不涉及生物化学反应，而是依靠物理方法，如压缩、液化、吸附、膜分离等技术，将 CO_2 从大气或工业排放源中分离出来，并封存在如开采过的油气井、煤层、深海或地下盐水层等稳定的封存场所中。

（三）化学固碳

化学固碳是指利用化学反应将大气或工业排放源中的 CO_2 转化为稳定化学形态并固定下来的过程。这种方法通常涉及特定的化学试剂或催化剂，在特定的反应条件下，CO_2 会与这些试剂或催化剂发生反应，生成无机盐、碳酸盐、尿素、能源物质、C_{2+} 高价值有机化合物等稳定的化合物，从而实现碳的捕集与封存。

第二节　生物固碳技术

生物固碳是自然界中碳循环的重要组成部分，对于缓解全球气候变化具有重要意义。生物固碳主要包括森林生态系统固碳、草原生态系统固碳、湿地生态系统固碳、海洋生态系统固碳、农田生态系统固碳等。下面以森林生态系统固碳和草原生态系统固碳为例来介绍生物固碳技术。

一、森林生态系统固碳

森林生态系统是地球上极为重要的自然碳汇之一，它们通过复杂的生物过程吸收和储存大量的 CO_2。森林固碳主要依赖于树木和其他植被的光合作用，这一过程不仅将大气中的 CO_2 转化为有机物质，还将其储存在植物的生物量中，包括树干、树枝、树叶以及根系。此外，森林土壤也是一个巨大的碳库，枯落物、根系和土壤微生物的相互作用促进了有机碳的积累和稳定。

（一）森林植物固碳机制

植物的光合作用是自然界中一种神奇的生物化学过程，它不仅为地球上的生命提供了必需的氧气，还是森林生态系统固碳的关键机制。在光合作用中，植物通过叶子中的叶绿体捕获太阳光能，并利用太阳光能将大气中的 CO_2 和土壤中的水分转化为葡萄糖和氧气 [见式（4-1）]。光合作用不仅为植物自身生长和发育提供了能量和物质基础，而且将大量的碳元素从大气转移到植物的生物量中，从而降低了大气中的 CO_2 浓度。

$$6\,CO_2 + 6\,H_2O + 光能 \longrightarrow C_6H_{12}O_6 + 6\,O_2 \qquad (4-1)$$

在森林植物固碳的过程中，树木通过持续的光合作用，将碳储存在自己的树干、树枝、树叶以及根系中。随着时间的推移，这些碳储存在树木的木质部中，形成了长期稳定的碳库。此外，植物死亡后的残体，如枯枝落叶，也会逐渐分解，一部分碳以有机质的形式储存在土壤中，进一步增加了森林生态系统的碳储存能力。

光合作用的效率和规模直接影响着森林的固碳能力。因此，保护和恢复森林植物覆盖，以及通过科学管理提高和维持森林植物的生长速率和健康状态，对于增强森林的固碳作用至关重要。同时，研究如何通过遗传改良和生态工程提高植物的光合作用效率，也是未来提高森林植物固碳潜力的重要方向。

（二）森林土壤的碳储存

森林土壤作为地球上重要的碳库之一，在全球碳循环中扮演着至关重要的角色。森林土壤中的碳主要源于植物的根系、凋落物（如落叶、枯枝等）以及土壤微生物的活动。森林土壤碳储存包括以下过程：

1. **植物生长与碳固定**

植物通过光合作用从大气中吸收 CO_2，并将其转化为有机质。随着树木的成长，其根系也会深入土壤，将更多的有机碳带入地下。根系分泌物还会促进土壤微生物的活动，进而影响土壤有机碳的形成与储存。

2. **凋落物与碳固定**

当植物凋落时，它们的枯枝落叶等有机物质落到土壤表面。这些凋落物富含有机碳，成为土壤有机碳的重要来源。随着时间的推移，凋落物会逐渐被分解，其中一部分碳以 CO_2 的形式释放回大气中，另一部分碳则被固定在土壤中。

3. **微生物分解与腐殖化作用**

土壤中的微生物（如细菌、真菌等）会分解凋落物，将其转化为更简单的化合物。在这一微生物分解过程中，部分有机碳被微生物利用，部分有机碳则被固定在土壤中。

未完全分解的有机物质在微生物的作用下发生腐殖化作用，转化为腐殖质。腐殖质是一种高度稳定的有机化合物，能够在土壤中长期储存。

有机物质还可以与土壤矿物质（如黏土颗粒和铁氧化物）结合，形成稳定的有机－无机复合物，进一步保护有机碳免受微生物分解。

4. **碳的稳定储存**

在低温和高湿度环境等条件下，有机碳的分解速率降低，有助于其在土壤中长期稳定储存。且随着时间的推移，森林土壤中的有机碳库会逐渐累积，成为地球上重要的碳汇之一。

（三）森林固碳的动态过程

森林固碳是一个涉及森林生态系统内部及其与大气之间碳交换的动态过程。这一过程受到多种因素的影响，包括森林的年龄、气候条件、土地管理实践以及自然灾害等。森林固碳的动态过程可以从以下四个阶段来描述：

1. 初始阶段（或干扰后的再生阶段）

在森林遭受火灾、砍伐或其他人为和自然干扰之后，新的植被开始生长，生态系统处于重建期。这一阶段固碳速率相对较低，因为植被尚未充分发育。土壤养分状况、光照条件、种子来源等因素对植被的初期生长至关重要。

2. 逻辑斯蒂生长阶段

随着时间的推移，森林进入逻辑斯蒂生长阶段。在这一阶段，树木开始快速增长，生态系统达到最佳生长状态。这一阶段是森林固碳速率最高的时期，树木通过光合作用大量吸收 CO_2，并将其转化为生物质。光照强度、水分供应、温度以及土壤养分等环境因素对这一阶段的树木生长有重要影响。

3. 成熟阶段

随着森林达到成熟期，树木的生长速度开始减缓，生态系统趋于稳定。在这一阶段，森林固碳速率逐渐下降，因为树木的生物量增长放缓，碳吸收与释放趋于平衡。树种组成、树木密度、林下植被等生态因子对成熟森林的碳循环有重要影响。

4. 过熟阶段

进入过熟阶段后，树木的生物量增长几乎停止，生态系统可能出现自然倒木现象。在这一阶段，森林固碳速率非常低，甚至可能转变为碳源，因为枯死树木的分解会释放 CO_2。森林管理措施、病虫害的发生、极端天气事件等都可能影响过熟森林的碳平衡。

（四）森林管理和固碳能力

自然因素，如气候条件、土壤特性和地形等，都会对森林的固碳能力产生影响。同样地，人为因素，如森林管理、土地利用变化和保护措施等，也对森林固碳具有重要影响。借助科学研究和技术手段，我们能够更深入地理解这些影响过程，并采取有效的管理措施来增强森林的固碳能力，从而为应对全球气候变化作出贡献。

因此，森林管理与固碳能力之间存在着密切的关系。实施可持续林业实践不仅可以保护森林资源，还能显著提升森林的固碳能力。具体的可持续林业实践涵盖以下五个方面：

1. 减少砍伐

减少砍伐是指通过减少商业性砍伐、禁止非法采伐以及控制森林火灾等方式，保护现有的森林资源。减少砍伐有助于维持森林的完整性，防止碳库的破坏。

2. 植树造林

植树造林是指在退化的土地上或者在已经砍伐过的地区重新种植树木。新种植的树木在生长过程中通过光合作用吸收大量的 CO_2，从而提升森林的固碳能力。植树造林还可以改善土壤结构，促进土壤有机碳的累积。

3. 选择性采伐

选择性采伐是一种在商业性采伐中采用的选择性方法，只采伐特定大小或类型的树木，而不是全面砍伐。这种方法有助于保持森林的生态多样性，同时确保森林能够持续地吸收和储存碳。选择性采伐还可以促进年轻树木的成长，从而提高森林的整体固碳潜力。

4. 促进天然再生

促进天然再生是指在森林砍伐后允许自然再生，即让森林自行恢复，而不是人工种植。自然再生有助于恢复森林的生物多样性，并且通常比人工种植更能适应当地的生态环境。这种自然恢复过程可以有效地提高森林的固碳能力。

5. 建立森林保护区

建立森林保护区是指划定特定区域作为森林保护区，禁止任何形式的砍伐和开发活动。森林保护区可以有效地保护森林生态系统免遭破坏，有助于维护森林的生物多样性和生态功能。这些保护区内的森林能够持续地吸收和储存碳，成为重要的碳汇。

（五）森林固碳的监测与评估

监测森林固碳状态是了解森林生态系统碳循环动态的基础，对于制定科学合理的森林管理政策至关重要。目前，常用的监测方法和技术主要包括地面调查法、遥感技术法和模型模拟法等。地面调查通过实地测量树木直径、高度等参数，结合遥感数据估算森林碳储量；遥感技术利用卫星和无人机获取的图像数据，分析植被指数、植被覆盖度等指标，评估森林的生长状况和碳储量；模型模拟则是基于地面观测数据和遥感数据，构建数学模型或生态模型，预测森林碳库的变化趋势。这些方法和技术相互补充，共同构成了森林固碳状态监测的重要工具。

1. 地面调查法

（1）样地设置

①选择样地：选择具有代表性的样地进行监测，样地的选择应考虑森林类型、地形、植被结构等因素。

②样地尺寸：根据森林类型和监测目的确定样地的大小，通常为 1 公顷左右。

③样地布局：确保样地分布均匀，能够代表整个森林区域的特点。

（2）树木测量

记录样地内所有树木的直径、高度和树种信息。这些数据用于计算每棵树的生物量。

（3）生物量方程

利用特定树种的生物量方程将直径和高度转换为生物量，常见的生物量方程形式为：

$$B = aD^b$$

其中，B 是生物量，D 是胸径，a 和 b 是方程的参数。

（4）碳密度系数

根据树种的不同，应用相应的碳密度系数（通常为生物量的 0.45 至 0.50 倍）将生物量转换为碳量。

2. 遥感技术法

遥感技术法是利用安装在卫星、飞机或无人机上的传感器来捕捉地表反射或发射的电磁波信号。这些信号包含了地表物体的物理特性和环境条件的信息。通过分析这些信号，我们能够获取关于森林结构、生物量、树高、叶面积指数等关键参数的数据。其中，主要遥感技术涵盖以下四种：

（1）光学遥感

光学遥感利用可见光、近红外和短波红外等波段的反射率来识别植被类型和状态。常用的指标包括归一化差值植被指数（Normalized Difference Vegetation Index，简称 NDVI）和增强型植被指数（Enhanced Vegetation Index，简称 EVI）等。

NDVI 被定义为近红外波段反射值（NIR）与红光波段反射值（RED）之差和这两个波段反射值之和的比值，即 $NDVI = \dfrac{NIR - RED}{NIR + RED}$。它是植物生长状态及植被空间分布密度的最佳指示因子，与植被空间分布密度呈线性相关，因此又可称为生物量（Biomass）指标。

EVI 是 NDVI 的改进，考虑了大气散射和土地表面反射的影响，其在高植被覆盖区域的表现更为准确，对植被变化的监测具有更高的灵敏性和优越性。EVI 的计算公式如下：

$$EVI = 2.5 \times \frac{\rho_{NIR} - \rho_{RED}}{\rho_{NIR} + 6 \times \rho_{RED} - 7.5 \times \rho_{BLUE} + 1} \qquad (4-2)$$

其中，ρ_{NIR}、ρ_{RED} 和 ρ_{BLUE} 分别代表经过大气校正的地面近红外光、红光和蓝光反射率。

（2）热红外遥感

热红外遥感监测植被的原理是利用植被的热辐射特性和热红外遥感技术的特点，通过捕捉和分析植被冠层的热辐射信息来推断植被的生长状况、水分含量、健康状况等信息。

（3）雷达遥感

合成孔径雷达（Synthetic Aperture Radar，简称 SAR）和激光雷达（Light Detection and Ranging，简称 LiDAR）技术可以穿透云层和植被层，获取森林结构的三维信息，如树高和冠层厚度。基于树高和冠幅信息，人们可估算生物量和碳储量。

（4）多光谱和高光谱遥感

多光谱和高光谱遥感技术基于不同植被类型及其生长状态在不同光谱波段上的反射和辐射特性存在差异，监测植被指数、植被覆盖度等参数。

3. **模型模拟法**

模型模拟法可通过建立数学模型来估算森林的固碳能力，是监测森林固碳的一种重要手段。常见的模型包括生态系统过程模型和生物地球化学模型。

（1）生态系统过程模型

生态系统过程模型是通过考虑森林生态系统中的光合作用、呼吸作用、养分循环等多种生态过程，对森林的碳收支进行模拟和预测。以 Forest - BGC 模型为例，输入诸如气候数据（温度、降水、光照等）、森林植被类型、土壤特性等参数，就可以模拟出森林生态系统中碳的吸收、存储和释放情况。

（2）生物地球化学模型

生物地球化学模型，如 CENTURY 模型，则更侧重于模拟土壤中碳的动态变化以及其与植被之间的相互作用。比如，在研究某一地区的森林固碳时，研究人员可以利用 CENTURY 模型，输入该地区的土壤有机碳含量、土壤质地、植被覆盖度等信息，来预测未来一段时间内森林土壤中碳的存储和转化情况。

模型模拟法存在一定的局限性。模型的准确性很大程度上依赖于输入数据的质量和完整性，如果数据存在偏差或不全面，可能会导致模拟结果出现误差。而且，模型通常基于一些简化的假设和理论，可能无法完全反映真实森林生态系统的复杂性和不确定性。

二、草原生态系统固碳

草原生态系统是地球上生物多样性的重要组成部分，它们覆盖了约 40% 的陆地面积。草原具有调节水循环、防止土壤侵蚀、维持生物多样性和提供生态服务等多种功能，对于维持全球生态平衡具有不可替代的作用。此外，草原生态系统是重要的碳汇，能够固定大量的碳，减少大气中温室气体的含量。

（一）草原固碳机制

草原生态系统主要通过植被的生长和土壤的碳储存来实现碳的固定，在固碳过程中扮演着关键角色。

草原植被通过光合作用吸收大气中的 CO_2，并将其转化为有机物质，这个过程是草原生态系统固碳的主要途径。草本植物的根系发达，能够吸收大量的 CO_2，并通过光合作用转化为葡萄糖等有机物质，进而支撑植物的生长和繁殖。

草原植被死亡后的残体，如枯草和落叶，会逐渐分解并转化为土壤有机质。这一过程不仅增加了土壤的肥力，还促进了土壤碳的长期储存。草原土壤中的微生物和土壤动物通过分解有机物质，释放出能量和营养，同时将碳固定在土壤中。

草原生态系统的土壤结构对固碳也至关重要。草原土壤通常具有较高的孔隙度和良好的通气性，这有利于有机物质的分解和碳的稳定储存。土壤中的矿物质与有机质结合，形成稳定的有机－无机复合体，进一步提高了草原的固碳能力。

总之，草原生态系统通过植被生长、残体分解和土壤碳储存等过程，有效地固定了大气中的 CO_2。了解这些固碳机制对于制定合理的土地管理和气候变化缓解策略具有重要的科学和实践价值。

（二）草原的碳储存

草原的碳储存主要体现在植物生物量和土壤两个方面，具体包括以下过程：

1. **地上生物量与碳固定**

草原生态系统的地上生物量主要由草本植物构成，这些植物通过光合作用将大气中的 CO_2 转化为有机碳，并固定在其生物体内。这一过程是碳循环的重要环节，因为植物的生长直接影响了碳的固定量。在生长季节，草原植被的光合作用效率较高，地上生物量迅速增加，从而在短期内吸收大量的 CO_2。然而，由于草本植物的寿命通常较短，它们的地上生物量在季节交替或植被死亡时会分解，释放出先前储存的部分碳。因此，尽管草原地上生物量在碳固定中起到了积极作用，但其碳储存能力在时间上具有较大的波动性。

2. **地下生物量与碳固定**

草原生态系统的地下生物量，尤其是植物的根系，对碳储存具有关键作用。根系不仅为植物提供了营养支持，还是碳的长期储存库。草原植物的根系通常较为发达，能够深入土壤深层，固定更多的碳。这些碳通过根系的生长、分泌物以及根系死亡后的分解过程被封存在土壤中。与地上生物量相比，这部分碳更为稳定且易于长期保留。此外，根系与土壤微生物的交互作用也有助于碳的固持。例如，根系分泌的碳源为土壤微生物提供能量，而这些微生物在分解有机质的过程中，能够将部分碳转化为难以分解的有机物质，从而进一步增加土壤中的碳储存。

3. **草原土壤碳固定**

土壤有机碳是草原生态系统中最大的碳储存库，占据了整个生态系统碳储量相当大的比例。草原土壤的碳储存潜力主要依赖于其有机质含量和土壤结构。土壤有机碳的来源包括植物残体、动物粪便以及微生物代谢产物。这些有机物质在土壤中经历一系列复杂的分解与转化过程，部分被矿化为 CO_2 返回大气，但也有一部分以稳定的形式长期存在于土壤中，成为碳汇。

然而，草原土壤的碳储存能力并非无限制。首先，土壤有机碳的积累速率与温度、降水等环境条件密切相关。在干旱或过度放牧的情况下，土壤结构可能受到破坏，导致碳的流失。其次，人为干扰，如土地利用变化和农业活动，也会对土壤碳储量产生负面影响。例如，草原转为耕地会导致土壤有机质迅速分解，释放出大量的 CO_2。因此，保护草原生态系统的稳定性和土壤结构，是维持其碳汇功能的关键。

（三）草原固碳的监测与评估

1. 草原固碳监测方法

（1）直接测量法

直接测量法是通过测量草原植物生长和生物量的变化来估算固碳量，这包括地面调查法和遥感技术法。例如，利用无人机搭载的多光谱相机可以快速获取大面积植被的生长信息。

（2）间接测量法

间接测量法是通过测量生态系统的气体交换来估算固碳量。常用的工具包括涡动相关技术（Eddy Covariance），它能够连续监测生态系统与大气之间的 CO_2 和其他气体的交换。

（3）稳定同位素技术法

稳定同位素技术法是利用碳的稳定同位素来追踪碳在草原生态系统中的流动。这种方法可以帮助科学家区分自然和人为来源的碳。

（4）模型模拟法

模型模拟法是通过构建草原生态系统过程模型，模拟固碳过程和预测未来变化。这些模型可以整合气候、土壤、植被等多种因素，为固碳潜力的评估提供科学依据。

（5）卫星遥感技术法

卫星遥感技术法是利用卫星搭载的传感器监测草原植被覆盖度、叶面积指数等指标，这些数据可以用来估算大尺度上的固碳量。

（6）土壤碳测量法

土壤碳测量法是通过对草原土壤中碳的测量，了解土壤固碳的潜力和动态变化。

2. 草原固碳潜力的评估

草原固碳潜力的评估是一个复杂的过程，涉及多种方法和因素，主要包括以下七个步骤：

（1）定义研究区域

确定要评估的草原的具体位置和范围，了解该地区过去的土地使用情况，包括放牧强度和是否曾被耕种等。

（2）数据收集

采集不同深度的土壤样本以分析其有机碳含量；记录植物种类、植被覆盖度、生物量等信息；收集温度、降水量等相关气候数据。

（3）进行实地测量

使用便携式土壤呼吸仪来测定土壤中 CO_2 的排放率；采用直接测量法或卫星遥感技术法来估算地上部分和地下部分的生物量。

（4）使用模型预测

运用生态学模型来模拟草原生态系统的碳循环过程；结合气候模型预测未来气候变化对草原固碳能力的影响。

（5）数据分析与解释

对收集的数据进行统计分析，识别影响固碳潜力的关键因素；基于不同的管理措施或气候变化情景进行分析。

（6）结果分析与应用

汇总研究成果，包括固碳潜力的量化结果、不确定性分析等；提出固碳潜力的优化策略和政策建议，如合理放牧、植被恢复等。

（7）监测与反馈

建立长期监测机制，持续跟踪草原的固碳动态变化；根据监测结果调整管理策略。

第三节　物理固碳技术

当前，国内外在物理固碳领域主要聚焦于 CO_2 捕集和封存（Carbon Capture and Storage，简称 CCS）技术和 CO_2 捕集、利用与封存（Carbon Capture, Utilization and Storage，简称 CCUS）技术的应用。

CCS 是指通过高效的碳捕集手段，从工业生产和能源产业中分离出 CO_2，随后采用先进的碳储存技术，将分离获得的 CO_2 安全地封存于地下。CCUS 是在 CCS 的基础上更进一步，它不仅涉及从工业过程、能源使用或大气中分离

CO_2，还包括将这些 CO_2 转化为有价值的资源或直接注入地层，以实现 CO_2 的永久性减排。CCUS 在 CCS 的基础上增加了"利用"（Utilization）这一理念。CCUS 技术随着 CCS 技术的发展和对其认识的不断深化，衍生出生物质能碳捕集与封存（Biomass Energy with Carbon Capture and Storage，简称 BECCS）技术和直接空气碳捕集与封存（Direct Air Carbon Capture and Storage，简称 DACCS）技术。

从实现碳中和目标的减排需求来看，依照现在的技术发展预测，2050 年和 2060 年，需要通过 CCUS 技术实现的减排量分别为 6 亿~14 亿吨和 10 亿~18 亿吨 CO_2，其中，2060 年 BECCS 和 DACCS 分别需要实现减排 3 亿~6 亿吨和 2 亿~3 亿吨 CO_2。

CCUS 按技术流程分为捕集、输送、封存与利用等环节，如图 4-1 所示。

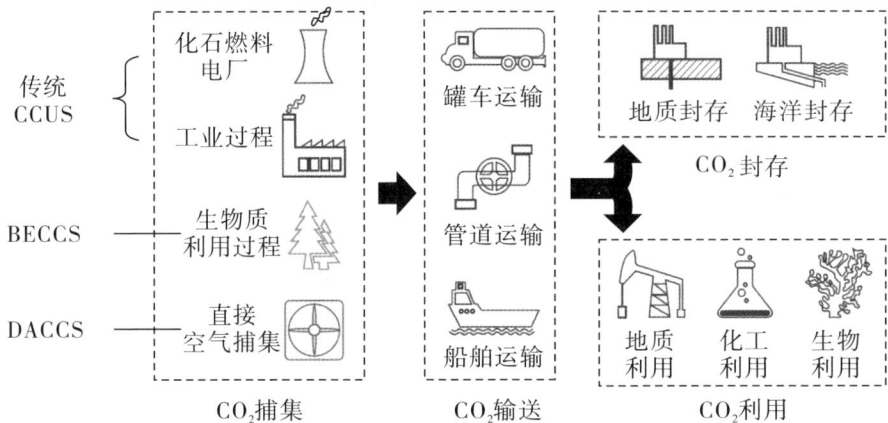

图 4-1 CCUS 技术环节

图片来源：中国 21 世纪议程管理中心（2021）。

一、碳捕集

碳捕集是指将 CO_2 从工业生产、能源利用或大气中分离出来的过程，包括燃烧前碳捕集与封存、富氧燃烧碳捕集、燃烧后碳捕集。

（一）燃烧前碳捕集与封存

燃烧前碳捕集与封存（Pre-combustion Carbon Capture and Storage，简称 PCCS）技术，是一种先进的能源处理方法（见图4-2）。此技术在碳基燃料进行燃烧之前，先提取其化学能量，并分离出碳与其他能量载体，实现了在燃料使用前对碳的有效捕集。

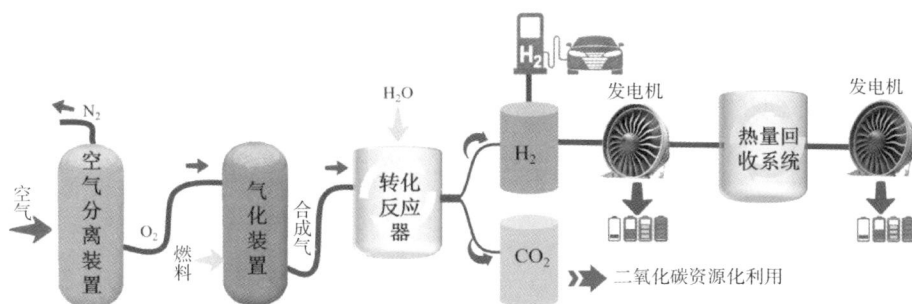

图4-2 燃烧前碳捕集与封存技术工艺流程

燃烧前碳捕集与封存主要包括如下步骤：

1. 燃料的气化

化石燃料（如煤或天然气）在高压条件下与化学计量的氧气或水蒸气反应，这个过程称为气化。气化过程会产生一种主要由一氧化碳（CO）和氢气（H_2）组成的合成气，反应方程式如下：

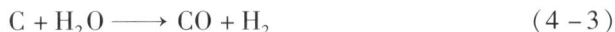

$$C + H_2O \longrightarrow CO + H_2 \tag{4-3}$$

2. 水煤气变换反应

合成气随后通过一个含有催化剂的反应器，在这里发生水煤气交换反应，即一氧化碳（CO）与水蒸气（H_2O）反应，生成 CO_2 和更多的 H_2，反应方程式如下：

$$CO + H_2O \longrightarrow CO_2 + H_2 \tag{4-4}$$

3. CO_2 的捕集

生成的 CO_2 可以通过物理或化学方法从合成气中分离出来。这通常涉及吸收、吸附或其他技术，以便将 CO_2 从氢气中分离并捕集。

4. 氢气的利用

分离后的氢气可以作为一种清洁能源用于发电或其他用途。氢气可以通过燃料电池或与其他技术的结合来发电，几乎没有温室气体排放。

5. CO_2 的封存

捕集到的 CO_2 可以被输送到合适的地质构造中进行长期封存，以防止其释放到大气中。

燃烧前碳捕集与封存技术的优点在于它能够在燃料燃烧之前就去除大部分的碳排放，这有助于减少整体的温室气体排放。此外，由于在燃烧前进行碳捕集，CO_2 的浓度较高，这使得捕集过程更加高效。然而，这项技术也面临一些挑战，包括高能耗、高设备成本和封存技术安全性不高等问题。

（二）富氧燃烧碳捕集

富氧燃烧碳捕集（Oxy-fuel Combustion with Carbon Capture，简称 OCCC）技术也是一种先进的能源转换和碳捕集技术。此技术是利用空分设备获得富氧或纯氧，再让其与燃料共同进入专门的纯氧燃烧炉进行燃烧。这种技术产生的烟气成分主要包含水和 CO_2，水被分离后，后端的高浓度 CO_2 被捕集和封存。工艺过程如图 4-3 所示。

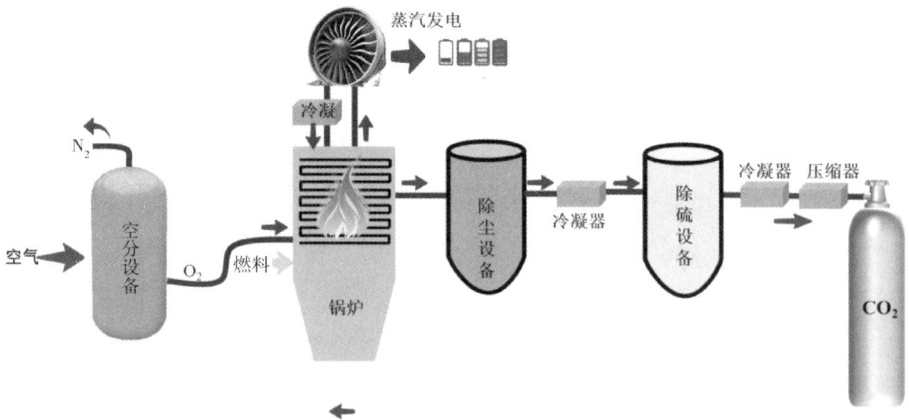

图 4-3　富氧燃烧碳捕集技术工艺流程

1. 氧气的提取

空气中大约21%是氧气，而富氧燃烧技术需要更高浓度的氧气，通常在95%以上。因此，此技术首先需使用空分设备（Air Separation Unit，简称ASU）从空气中分离出高纯度的氧气。

2. 燃料的燃烧

在富氧环境中，燃料（如煤、天然气或生物质）与高纯度氧气混合并燃烧。由于氧气浓度较高，燃烧反应较充分，产生的热量也较高。

3. 烟气组成

与在常规空气中燃烧相比，富氧燃烧产生的烟气主要由水蒸气和 CO_2 组成，几乎不含 N_2。这简化了后续的 CO_2 捕集过程，因为烟气中没有 N_2 作为稀释剂，CO_2 的浓度显著提高。

4. CO_2 的捕集

由于烟气中 CO_2 浓度较高，可以使用物理或化学方法轻易地从烟气中分离出 CO_2，如可以使用溶剂吸收法、膜分离技术或低温蒸馏法等方法。

5. 水蒸气的冷凝

在 CO_2 捕集之后，可以通过冷凝器将水蒸气冷凝成液态水，从而进一步净化烟气。

6. CO_2 的压缩和储存

捕集的 CO_2 需要被压缩到适当的压力，并输送到储存地点，如地下咸水层或枯竭的油气田，进行长期封存。

7. 热能回收

富氧燃烧过程中产生的高温烟气可以用于热能回收，例如通过热交换器回收热量，用于发电或其他工业过程。

富氧燃烧碳捕集技术可以显著减少化石燃料燃烧产生的 CO_2 排放，是一种有潜力的清洁能源技术，有助于减缓全球气候变化。但是，其商业化应用还面临一些挑战，包括氧气提取过程的高能耗、专用燃烧设备的高成本以及 CO_2 捕集和储存技术的成熟度不高。随着技术的进步和成本的降低，富氧燃烧碳捕集技术有望在未来的低碳能源系统中发挥重要作用。

（三）燃烧后碳捕集

燃烧后碳捕集（Post-combustion Carbon Capture，简称 PCC）技术是一种用于从燃烧过程产生的烟气中捕集 CO_2 的方法。这种技术通常应用于化石燃料燃烧后产生的烟气处理，以减少碳排放。化石燃料燃烧后，产生的烟气含有多种成分，包括 CO_2、N_2、O_2、水蒸气以及可能存在的污染物，如 SO_2 和 NO_2。燃烧后碳捕集技术通过化学或物理方法从烟气中分离出 CO_2。常用的方法包括化学吸收法、吸附法和膜分离技术等。

1. 化学吸收法

化学吸收法是目前燃烧后碳捕集技术中最主要方法。如图 4-4 所示，在化学吸收法中，烟气先通过一个含有化学吸收剂的吸收塔，吸收剂与 CO_2 反应，形成稳定的化合物，从而实现 CO_2 的捕集。然后，吸收了 CO_2 的吸收剂被送至 CO_2 脱附装置被加热释放 CO_2 气体，吸收剂则又被送回吸收塔重复使用。脱附出来的纯 CO_2 被压缩和脱水，用于管道输送和储存。常见的化学吸收剂为胺类吸收剂，如单乙醇胺（MEA）、二乙醇胺（DEA）、甲基二乙醇胺（MDEA）和二-2-丙醇胺（DIPA）。其他化学吸收剂还有离子液体、水性溶剂、氨等。该技术捕集效率较高、技术较为成熟，但存在再生过程能耗高、吸收剂降解、吸收剂腐蚀设备、吸收剂挥发、运行成本高等缺点。

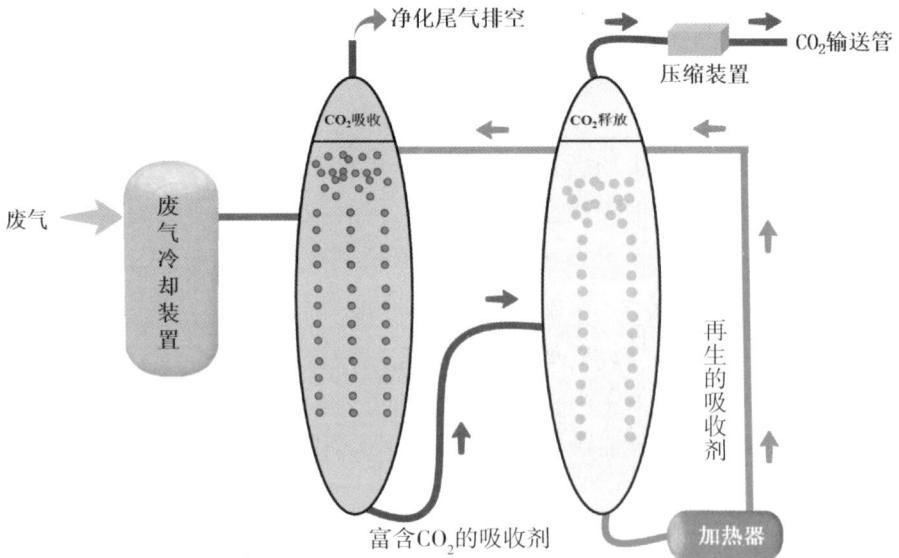

图 4-4　燃烧后碳捕集技术工艺流程

2. 吸附法

吸附法是一种基于物理或化学吸附原理的碳捕集技术。这种方法使用具有大比表面积的固体吸附剂，如活性炭、沸石、金属有机框架（MOFs）或多孔炭材料，来捕集烟气中的 CO_2，如图 4-5 所示。

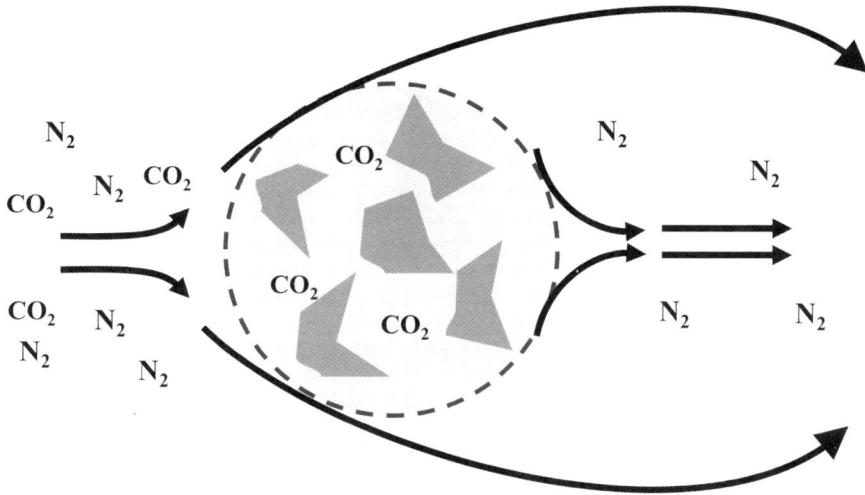

图 4-5　吸附法吸附烟气中的 CO_2

吸附法利用吸附剂与 CO_2 分子之间的物理或化学作用力，实现对 CO_2 的选择性吸附。在物理吸附过程中，CO_2 分子被吸附剂的孔隙结构所捕获，主要是依靠范德华力。而在化学吸附过程中，吸附剂与 CO_2 之间形成化学键。根据 CO_2 被吸附机理不同，我们可以通过改变温度、压力或使用特定的解吸剂来解吸 CO_2，以实现吸附剂再生循环使用。

吸附法具有能耗相对较低、操作简便、设备规模灵活等优点。吸附剂的长期稳定性、再生过程中的能耗、吸附剂的再生次数等是决定吸附剂能否工业化应用的关键所在。随着新型吸附材料的开发和吸附技术的不断改进，吸附法有望成为一种经济可行且环境友好的 CO_2 捕集解决方案。

3. 膜分离技术

膜分离技术是指使用选择性膜从气流中分离 CO_2 成分以达到捕集 CO_2 效果，这些成分可以是烟气中的 CO_2（燃烧后系统）、天然气中的 CO_2（天然气处理）、氢混合气中的 CO_2（燃烧前系统）。

膜是一种半渗透的屏障，能够通过各种机制（溶液扩散、吸附扩散、分子筛和离子传输）分离物质，如图 4-6 所示。它们有不同的材料类型，可以是有机的（聚合物）或无机的（碳、沸石、陶瓷或金属），也可以是多孔的或非多孔的。决定膜性能的两个关键参数为渗透性和选择性。

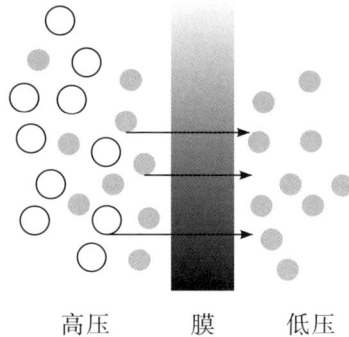

高压　膜　低压

图 4-6　气体膜分离原理

燃烧后碳捕集技术是实现低碳排放的重要手段之一，尤其适用于那些难以通过其他方式减少 CO_2 排放的工业过程。随着技术的进步和成本的降低，预计这种技术将在未来的能源和环境政策中扮演重要角色。

二、碳输送

碳输送是指将捕集后的 CO_2 运送到可利用或封存场地的过程。油气田或化石燃料燃烧产生的 CO_2 可以被捕集并储存到地下或用于提高石油采收率。选择合适的 CO_2 输送方式，一是要考虑输送起点与终点的位置和距离；二是要综合考虑输送量、输送温度与压力、输送过程成本；三是要考虑所需的输送设备。截至目前，CO_2 输送主要有管道输送、公路槽车输送、铁路槽车输送、船舶输送四种方式。

（一）管道输送

管道输送凭借其输送量大、输送距离远、经济性好等优点，成为 CO_2 输送的最重要途径。但由于 CO_2 管道输送状态的特殊性、管道的复杂性以及输送标准的缺乏，在 CO_2 输送管道建设之前，首先需要了解 CO_2 在不同状态下的基本性质，并且对 CO_2 管道输送的特性进行软件模拟计算，从而为建设技术上有把握、安全上有保证、经济上有成效的 CO_2 管道输送提供理论指导与建设依据。根据常见的 CO_2 相态特征，我们可将 CO_2 管道输送分为气态输送、液态输送、密相输送以及超临界态输送。

1. 气态输送

气态输送是指在管道输送过程中，CO_2 在管道内始终保持气相状态，通过压缩机压缩升高输送压力（见图 4-7）。然而对于 CO_2 气井而言，采出的气体多处于超临界状态，因此在 CO_2 进入管道之前，需要对其进行节流变相降压，使其满足管道输送要求。与此同时，在输送过程中对 CO_2 气体进行增压时，增压的趋势不能过于明显。也就是说，压力不能过高，以免超过其临界压力，使 CO_2 相态发生改变，进入超临界状态。

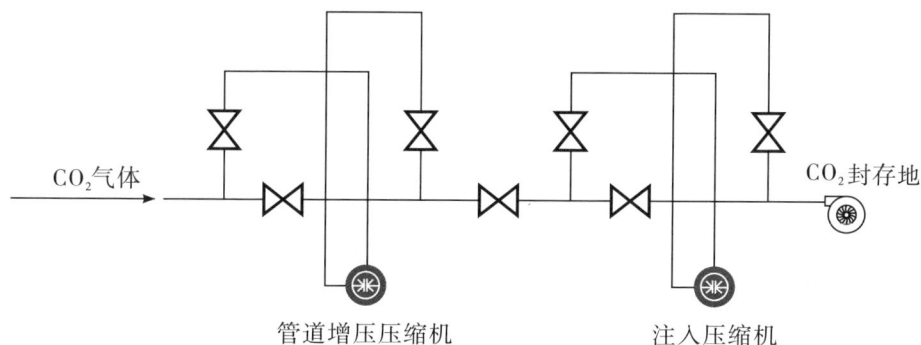

CO_2 气体 CO_2 封存地

管道增压压缩机   注入压缩机

图 4-7 气态输送工艺流程示意图

与其他管道输送方式相比，气态输送对管道材质的要求不是特别高，管道的耐压等级要求也不高，但由于在规定的时间内，气态输送的总量相对偏小，经济性偏差，很难满足对高压大规模使用的需要，因此气态输送并未得到推广使用。

2. 液态输送

液态输送就是在管道输送过程中 CO_2 在管道内始终保持液相状态，为了克服沿程摩擦阻力与地形高差，需要在沿途不同地点设置压缩机站，以升高输送压力（见图 4-8）。液态 CO_2 具有输送时管道摩擦阻力小、黏度及密度较小，使用时溶解性好等优点，为其输送带来了方便。但是由于其蒸气压较高，蒸发的结果会导致其温度降低甚至结冰，从而影响正常输送，因此液态输送过程中对管道的温度控制要求较严。当管道内温度过高时，CO_2 容易发生汽化；

当管道内温度过低时，CO_2 会凝固为干冰，因此我们需通过热力核算来确定管道是否需要包覆绝热保温层。液态输送是大量工业、食品、饮料等行业用 CO_2 的常用输送手段。

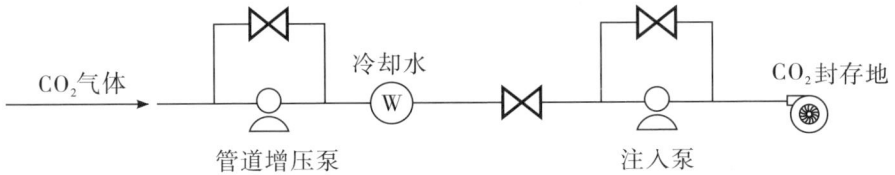

图 4-8　液态输送工艺流程示意图

如何高效地液化 CO_2 作为液态输送的关键技术，其方式主要有两种：低温液化与高压液化。目前，国内外的工业液化方法一般是将常压的 CO_2 压到 2 MPa 左右，对应饱和温度大约为 -20 ℃；再用制冷机组吸收潜热使其液化，使用的制冷工质一般是 R502 和 R22。这一方法称为低温液化方法，也是目前应用广泛的液化方式。高压液化则是采用提高压力的方法使气体 CO_2 在常温条件下变为液体的过程，一般常用于 CO_2 气罐等。

3. 密相输送

密相输送就是在管道输送过程中 CO_2 始终处于密相状态，且输送温度要略低于超临界态输送，并保持整个压力区间不发生变化，这主要是为了保证密相管道在输送过程中的压力比临界压力高。由于在低温影响下对入口温度并没有太高的要求，因此入口温度的选择主要由 CO_2 液化流程的出口温度来确定（见图 4-9）。

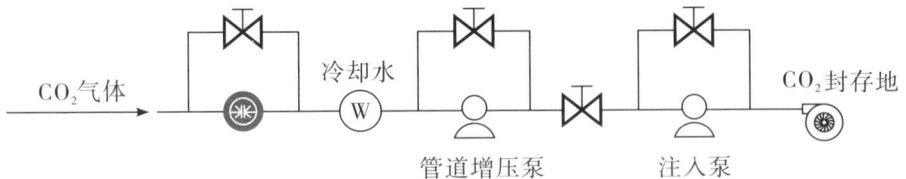

图 4-9　密相输送工艺流程示意图

密相输送的主要特点为：密相输送的液化出口温度不同于一般液态输送时的液化温度；密相输送的管道压降低于液态输送和超临界态输送；密相输送的投资成本大大低于气态输送和液态输送，而与超临界态输送较为接近；密相输送比较适合在人口较为稀少的地方进行输送输出。

4. 超临界态输送

纯 CO_2 的临界压力和临界温度分别为 7.38 MPa、31.04 ℃。当温度大于临界温度且压力也大于临界压力时，CO_2 便稳定地处于单一相态——超临界状态。超临界态输送则是将处于超临界状态的 CO_2 通过管道进行输送的过程。

如图 4－10 所示，长距离超临界态输送中，由于压力损失，沿程的某些管段需要再升压才能使管道中的 CO_2 保持在超临界状态，通常可采用压缩机增压，但此时必须将 CO_2 汽化后才能送入压缩机。将 CO_2 输送至管段末端后，根据注入压力的要求，对 CO_2 压力进行调节。在超临界态输送过程中，CO_2 的温度会逐渐降低，为了维持超临界状态，需要在管道沿线设置加热站，对 CO_2 进行循环加热。

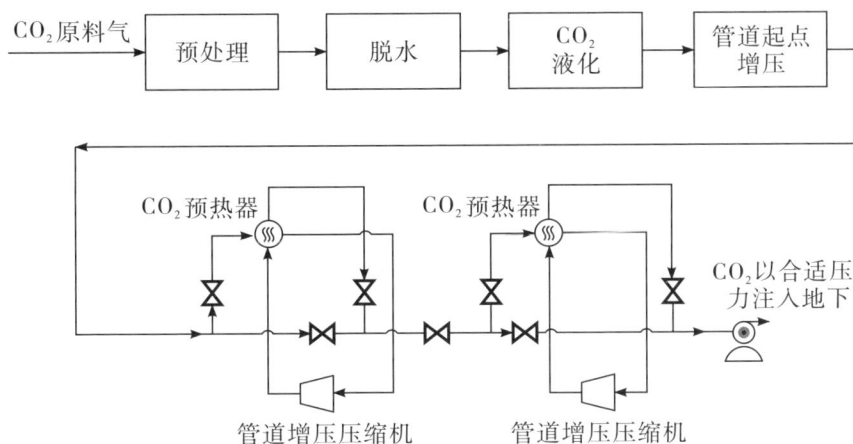

图 4－10　超临界态输送工艺流程示意图

对于各种管道输送方式的研究表明，超临界态输送方式的技术性和经济性明显优于其他方式。在投资上，超临界态输送与密相输送相差不大，前者略高于后者，而液态输送和气态输送的投资则远远超过超临界态输送和密相输送，其中气态输送的投资成本最大。但在人口比较密集的地方，应该将安全性作为管道输送的首要考虑因素，因而往往采用超临界态输送方式。

超临界流体同时具有气体和液体的某些属性，如气体的低黏度、高扩散系数以及液体的高密度，对许多物质具有很强的溶解能力，且其溶解能力对温度和压力的变化极为敏感。超临界流体有其自身的特性，主要包括：①超临界流体的密度与液体接近；②超临界流体黏度小，接近于普通气体；③超临界流体的扩散系数比液体大 100 倍，物质在超临界流体中的扩散性能比在液体中好。

与其他物质相比，CO_2 的临界温度较低，在管道输送过程中多相流动比单相流动的压降要大，环境温度的变化可能会造成相态的变化，CO_2 能否以超临界状态通过管道取决于管道系统的温度和压力。管道输送系统的温度和压力范围决定着管道输送的方式，不仅影响管道输送成本，而且影响管道输送效果。因此，在设计管道输送方式时，我们既要考虑管道的材质，又要考虑系统的温度、压力及控制，更要考虑环境及气候变化对管道输送的影响；既要考虑输送距离、输送量，还要考虑输送的技术经济性。

5. **管道输送的应用**

CO_2 管道自 20 世纪 70 年代以来，开始在气驱采油工业中应用。表 4-1 为国外长距离管道输送 CO_2 的代表性案例。截至 2024 年，国外已有近万千米的 CO_2 管道。随着技术的发展和气候政策的推动，全球 CO_2 输送管道的总长度在不断增加。根据国际能源署的预测，至 2050 年全球 CO_2 输送管道建设总长度将达到 20 万千米。北美地区在 CO_2 管网建设上经验丰富，其 CO_2 管道占比近 85%。欧盟、日本、加拿大、挪威和土耳其等国家和地区也有部分 CO_2 管道。

表 4-1 国外部分 CO_2 管道输送数据

管道	铺设地点	管道长度/km	CO_2 输送量/ $(Mt \cdot a^{-1})$	完成时间
Bati Raman	土耳其	90	1.1	1983 年
Val Verde	美国	130	2.5	1998 年
Canyon Reef	美国	225	5.2	1972 年
Weyburn	美国与加拿大	328	5	2000 年
Sheep Mountain	美国和新墨西哥	660	9.5	1983 年
Cortez	美国	808	30	1984 年
Petra Nova	美国	130	1.4	2016 年

相比国外已有近万千米的 CO_2 管道，中国的 CO_2 管道建设起步较晚。然而，随着"双碳"目标任务的持续推进，中国的 CCUS 技术作为实现大规模碳减排的托底技术迅速发展，CO_2 管道工程建设也迎来了黄金发展机遇。目前，

中国已经成功建设并运行了多个 CO_2 管道输送项目，如齐鲁石化－胜利油田百万吨级 CCUS 示范项目、长庆油田 CO_2 管道项目、大庆油田 CO_2 管道项目以及吉林油田 CO_2 管道项目等。

齐鲁石化－胜利油田百万吨级 CCUS 示范项目 CO_2 输送管道于 2021 年 7 月启动建设，并在 2022 年全面建成投产。其全长 109 千米，穿越 11 条河流、12 处特殊地段和 43 条公路铁路，设计年输送量为 170 万吨 CO_2，主要用于将齐鲁石化捕集提纯的 CO_2 输送至胜利油田进行驱油封存。这是中国首条百万吨、百公里高压常温密相 CO_2 输送管道，标志着中国首次实现 CO_2 长距离密相输送。

（二）其他输送方式

除了管道输送外，公路槽车输送、铁路槽车输送、船舶输送在 CO_2 输送中也占很大比例。

1. 公路槽车输送和铁路槽车输送

在陆地上，公路槽车输送和铁路槽车输送是除了管道输送外重要的 CO_2 输送方式。槽车输送技术相对成熟，但应用范围较窄，主要用于小型驱油实验、食品加工领域以及某些特定的工业应用。干冰、低温绝热容器和非绝热高压瓶是槽车输送中常见的装载方式。公路槽车的运输容量为 2 ~ 30 吨，运输压力为 1.7 ~ 2.08 MPa，温度为 － 30 ℃ ~ 18 ℃；铁路槽车可以实现 CO_2 的长距离大规模输送，一节槽车的运输容量为 50 ~ 60 吨，运输压力约为 2.6 MPa。在我国现有 CO_2 输送技术中，槽车输送技术已达到商业应用阶段，被广泛应用于规模 10 万吨/年以下的 CO_2 短距离和中距离输送。

2. 船舶输送

当前，全球大规模的 CO_2 船舶输送仍处于开发试验阶段，输送低温液态 CO_2 采用小型船只，尚未有大型船舶参与 CO_2 输送。而油气运输工业已经实现液化石油气和液化天然气船舶运输的商业化。日本、挪威等正在参考液化石油气和液化天然气船舶运输的理念和经验，研发用于规模化 CO_2 输送的大型船舶。

三、碳的封存与地质利用

（一）碳的封存

碳的封存是指将大型排放源产生的 CO_2 捕集、压缩后输送到选定地点长期封存，而不是释放到大气中。碳的封存包括地质封存和海洋封存。

1. 地质封存

地质封存利用类似自然界中地质封存天然气等气体的原理，将 CO_2 注入地下岩石结构中，通过物理和化学俘获机理实现永久封存。这些地质结构可以是油田、气田、咸水层、无法开采的煤矿等。地质封存具有巨大的封存潜力，预计可达到 2 000 Gt CO_2，主要包括以下几种方法：

（1）深部咸水层封存

深部咸水层封存是指通过工程技术手段将捕集的 CO_2 注入地下 800 m 至 3 500 m 深度（这一深度范围中 CO_2 可保持超临界状态）的地质构造中，利用岩石物理束缚、溶解和矿化作用实现长期封存，例如：中国的鄂尔多斯盆地神华项目和松辽盆地林甸地区深部咸水层 CO_2 地质封存项目，挪威的 Sleipner 项目和 Snøhvit 项目，阿尔及利亚的 In Salah 项目等。

（2）枯竭油气田封存

枯竭油气田封存是指将 CO_2 注入已开发的油气田中，这些油气田具有较好的封闭性，可以用于 CO_2 的封存，例如：中国的吉林油田 CCUS 项目，加拿大的 Weyburn Midale 项目，美国的 Permian Basin 项目，澳大利亚的 Gorgon 项目等。

（3）陆上咸水层封存

陆上咸水层封存是指选择渗透性较好、深度适中的咸水层作为封存空间，注入 CO_2，利用地质结构进行封存，例如：中国的江苏泰州 CCUS 示范工程、美国的 Illinois 盆地项目等。CO_2 在陆上咸水层中的封存机制与深部咸水层相似，但可能受到地表水和地下水流动的影响，其封存效果相对较差。由于陆上咸水层通常较浅，可能存在更多的天然裂缝和断层，增加了 CO_2 泄漏的风险。

2. 海洋封存

海洋封存是通过将 CO_2 以某种方式转移到海洋中，并长期储存，以减少大气中温室气体的含量。海洋封存方法主要包括以下几种：

（1）液态封存法

液态封存法是指在深海高压和低温环境中，将相对纯净的 CO_2 以液态形式直接注入海洋，因液态 CO_2 密度高于海水，CO_2 注入后形成高密度羽流并沉入海底，可聚集成"碳湖"或以液滴形式存在。该方法可实现对 CO_2 的长期封存。

（2）固态封存法

固态封存法是指通过将 CO_2 以干冰的形式注入海洋，固态 CO_2（干冰）的密度大约是海水的 1.5 倍，易沉到海底。

（3）CO_2 水合物封存法

CO_2 水合物封存法是指在一定条件下，CO_2 与水反应形成稳定的水合物，这种固态形式的 CO_2 可以在海底沉积物中封存，具有较高的封存效率和安全性。

（4）深海直接注入

深海直接注入是指通过将 CO_2 直接注入深海中，利用深海的高压和低温条件，使 CO_2 维持超临界状态或形成水合物，实现长期封存。

（5）海洋施肥法（间接法）

海洋施肥法（间接法）是指通过向海洋上层投放营养物质增加海洋生物的产量，进而消除大气中的 CO_2。浮游植物通过光合作用吸收 CO_2，其死亡后沉到海底，实现碳的长期封存。

（6）CO_2 溶解法

CO_2 溶解法是指通过将 CO_2 溶解在海水中，利用海洋的巨大容量和深度，将 CO_2 溶解并分散在海洋水体中，实现封存。

（二）碳的地质利用

碳的地质利用主要是指将捕集的 CO_2 注入地下地质体中，利用地质条件进行长期储存或提高资源开采效率，以下是几种主要的 CO_2 地质利用技术：

1. CO_2 强化石油开采技术（CO_2 - EOR 技术）

CO_2 强化石油开采技术是一种提高石油采收率的技术。它涉及将 CO_2 注入已经部分枯竭的油藏中，利用 CO_2 的物理性质来增加原油的流动性并驱出更多的石油。这项技术不仅有助于延长油田的使用寿命，还能实现 CO_2 的地质封存，即将 CO_2 长期储存于地下，减少大气中温室气体的排放。

2. CO_2 驱替煤层气技术（CO_2-ECBM 技术）

CO_2 驱替煤层气技术是一种将 CO_2 注入深部不可采煤层中，以提高煤层气（主要成分为甲烷）采收率的技术，其原理主要基于 CO_2 与 CH_4 之间的竞争吸附现象。由于 CO_2 和 CH_4 分子间作用力的差异，CO_2 在煤基质中的吸附能力通常强于 CH_4。CO_2 被注入煤层后，会与吸附在煤层中的 CH_4 发生竞争吸附，从而将原本吸附态的 CH_4 置换为游离态，增加其在煤层中的流动性，再通过降低煤层压力的方式实现增产。

3. CO_2 强化天然气开采技术（CO_2-EGR 技术）

CO_2 强化天然气开采技术是指通过将 CO_2 注入天然气气藏中，主要是利用 CO_2 的物理和化学特性来提高天然气的采收率，同时实现 CO_2 的长期地下封存。

4. CO_2 增强页岩气开采技术（CO_2-ESGR 技术）

CO_2 增强页岩气开采技术是指通过将 CO_2 注入页岩气储层，利用 CO_2 的物理和化学特性来增加页岩气产量，同时实现 CO_2 的地质封存，减少温室气体排放。

5. CO_2 增强地热系统技术（CO_2-EGS 技术）

CO_2 增强地热系统技术是一种利用 CO_2 作为传热介质来提高地热能提取效率的技术。这项技术的核心原理是使用超临界状态的 CO_2 替代传统的水作为地热系统的传热介质，从而提高地热能的开采效率，并且实现 CO_2 的地质封存。

6. CO_2 铀矿地浸开采技术

CO_2 铀矿地浸开采技术是一种创新的铀矿开采方法。它通过在地表施工钻孔，向地下矿层注入含有化学试剂（如 CO_2 和 O_2）的水溶液来溶解矿石中的铀，然后通过另一个孔将含铀溶液提至地表进行处理，从而获得铀的初级产品——黄饼。这种方法具有安全、高效、环保的特点，颠覆了传统的采矿工艺。例如，新疆千吨级铀矿大基地，通过采用 CO_2 铀矿地浸开采技术，实现了固废、废液近零排放和净零碳排放，节能减排显著。

7. CO_2 强化深部咸水开采技术（CO_2 - EWR 技术）

CO_2 强化深部咸水开采技术是指在深部咸水层中注入 CO_2，用于开采高附加值液体矿产资源或深部水资源。该技术的优势在于减少了对环境的破坏，避免了产生大量的废气、废水和废渣，并且相较于传统采矿方法，具有更低的开采成本和更高的资源利用率。

第四节　化学固碳技术

化学固碳技术，作为应对全球气候变化的关键策略之一，可以将大气中的 CO_2 通过化学转换过程转变为稳定形式的化合物，这不仅有助于降低温室气体浓度，还能创造具有商业价值的产品。这些技术主要包括矿物碳酸化技术和化学合成技术等。

尽管化学固碳技术展现出巨大的潜力，但它们在实际应用中仍面临诸如反应效率、成本效益、能源消耗和环境影响等挑战。因此，深入理解这些技术的化学原理、工程实现和经济可行性，对于推动其商业化进程、实现环境与经济双赢具有重要意义。未来的研究和开发将集中于提高这些技术的效率，降低成本，并探索其在不同行业中的应用潜力，以期在全球碳减排和可持续发展中发挥关键作用。

一、矿物碳酸化技术

矿物碳酸化技术是一种将 CO_2 转化为碳酸盐的化学固碳技术，这些碳酸盐可以长期稳定地储存碳。这种方法模拟了自然界中岩石风化的过程，通过加速这一自然过程，实现 CO_2 的长期封存。

（一）矿物碳酸化的原理

矿物碳酸化技术基于 CO_2 与碱性金属氧化物或硅酸盐矿物的反应，生成相应的碳酸盐。例如，钙氧化物（CaO）与 CO_2 反应生成碳酸钙（$CaCO_3$），镁氧化物（MgO）与 CO_2 反应生成碳酸镁（$MgCO_3$）。这些反应通常是放热的，并且可以形成具有工业价值的碳酸盐产品。

（二）矿物碳酸化的方法

矿物碳酸化技术包括直接干法碳酸化、直接湿法碳酸化以及间接碳酸化等不同工艺方法。直接干法碳酸化通常是将气态的 CO_2 直接通入含有矿物的反应器中，在高温高压或适当的催化条件下，CO_2 与矿物（如镁硅酸盐矿物）发生反应，生成稳定的碳酸盐。直接湿法碳酸化是在水溶液中，CO_2 气体溶解后与矿物（以悬浮或溶解形式存在）发生反应，生成碳酸盐沉淀。间接碳酸化则是先将 CO_2 溶解在水中形成碳酸，碳酸进一步解离为氢离子和碳酸氢根离子，这些离子再与矿物发生反应，生成相应的碳酸盐。

（三）矿物碳酸化的工业应用

1. 封存 CO_2

利用矿物碳酸化技术，可以使捕集到的 CO_2 与矿物反应，形成稳定的碳酸盐，从而实现 CO_2 的长期封存。这对于减少大气中的 CO_2 浓度、缓解全球气候变化具有重要意义。国外示范工程表明，注入玄武岩地层中的 CO_2 在不到 2 年内可矿化为碳酸盐岩，展示了巨大的降碳前景。又如，中国湛江 CCUS 项目，就是考虑利用玄武岩地层进行 CO_2 的矿化封存。此外，矿物碳酸化还可以与工业废弃物资源化利用相结合，如利用钢渣、高炉矿渣、粉煤灰等工业废弃物进行 CO_2 矿化，既实现了 CO_2 的封存，又实现了废弃物的综合利用。

2. 生产增值产品

人们通过矿物碳酸化技术，可以生产出高附加值的碳酸盐产品，如碳酸钙、碳酸镁等。这些产品在建筑材料、塑料、橡胶、造纸等领域有广泛应用。此外，人们还可以探索联合生产不同类型的沸石或原硅酸锂基吸附剂等增值产品的可能性，从而改善整个矿物碳酸化过程的经济平衡。例如：新疆天业的 5 万吨碳酸钙生产线，是国内首套以 CO_2 尾气和钙基废渣为原料的工业化示范装置。每生产 1 吨碳酸钙产品，可固化 0.44 吨的 CO_2，同时减少 0.56 吨钙基废渣，进而减少原生矿石的开采。内蒙古包钢的 5 万吨轻质碳酸钙生产线，是世界上首个钢渣和 CO_2 综合利用的项目，利用 CO_2 在水基体系形成碳酸的原理，在催化组分作用下，实现 CO_2 对钢渣的间接碳化，每生产 5 万吨负碳轻质碳酸钙和 8 万吨固碳微粉可直接固化 3 万吨 CO_2，以及处理 10 万吨钢渣。

二、化学合成技术

由于 CO_2 具有很高的热力学稳定性和动力学惰性，其化学转化需要大量的能量。但是通过建立适当的催化体系或者化学转化策略，我们可将 CO_2 转化为能源化学品、食物、工业产品等。

（一） CO_2 转化为能源化学品

CO_2 催化还原制备能源化学品是其资源化利用的一个重要方面。随着催化、表面科学、纳米技术等领域的迅速发展，关于 CO_2 催化还原制备能源化学品的科学研究和技术研发发展迅猛，我们可在相对温和的条件下，将 CO_2 催化转化为 CO、甲烷、甲醇、甲酸及其他碳氢化合物等能源化学品。

1. 热催化 CO_2 加氢制备化学品

（1） CO_2 催化加氢制备 CO

将低值 CO_2 转化为高值 CO，是 CO_2 高值化利用的重要途径。CO 作为合成气和各类煤气的主要组分，是合成一系列基本有机化工产品和中间体的重要原料。逆水煤气变换（RWGS）反应，即 CO_2 热催化加氢制备 CO，是水煤气变换反应的逆过程，是利用 CO_2 生成 CO 的有效方法之一。其反应方程式为：

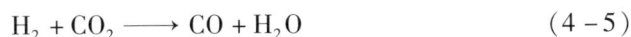

$$H_2 + CO_2 \longrightarrow CO + H_2O \qquad (4-5)$$

水煤气变换反应常需借助催化剂才可以进行，早期常使用铁系氧化物作为催化剂，但铁系氧化物的催化体系活性较低且必须在高温下进行操作，现以铜系氧化物为主。

（2） CO_2 甲烷化反应

CO_2 甲烷化反应是将温室气体 CO_2 与 H_2 转化为 CH_4，以循环利用 CO_2，实现 CO_2 的绿色低碳能源转化。CO_2 甲烷化反应方程式为：

$$CO_2 + 4H_2 \Longrightarrow CH_4 + 2H_2O \qquad (4-6)$$

该反应需借助催化剂方可进行，催化剂包括：贵金属催化剂、过渡金属催化剂、金属氧化物催化剂、负载在氧化铝或二氧化硅等载体上的过渡金属催化剂、金属有机框架催化剂、纳米材料催化剂等。

（3）CO_2 加氢合成甲醇

CO_2 加氢制甲醇是以 CO_2 和 H_2 为原料，通过在催化剂作用下发生加氢反应，合成甲醇，是一种新兴的绿色化工技术。CO_2 加氢制甲醇一般采用的反应器为气固相固定床催化反应器，其主要应用的反应方程式为：

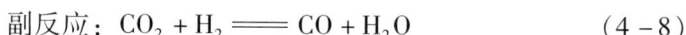

$$主反应：CO_2 + 3H_2 =\!=\!= CH_3OH + H_2O \qquad (4-7)$$

$$副反应：CO_2 + H_2 =\!=\!= CO + H_2O \qquad (4-8)$$

副反应产生的 CO 进一步加氢合成甲醇，这也是工业生产甲醇的方法之一。从 20 世纪 70 年代开始，人们就开始研究 CO_2 加氢制甲醇，反应过程中常见的催化剂有均相催化剂和非均相催化剂。

（4）CO_2 加氢合成甲酸

传统的甲酸制备常用方法有甲酸甲酯法、甲酰胺法等。自 20 世纪 90 年代以来，以 CO_2 为碳源制备甲酸、甲酸盐或者甲酸酯的研究引起人们的注意，并涌现了很多的研究成果。CO_2 加氢制甲酸是原子经济性为 100% 的反应。其反应方程式为：

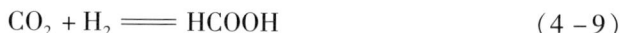

$$CO_2 + H_2 =\!=\!= HCOOH \qquad (4-9)$$

在 CO_2 加氢制甲酸的反应中，利用金属配合物均相催化 CO_2 氢化，比气固相催化氢化反应条件更加温和，体系更加高效。主要涉及的金属配合物有 Ni 配合物、Rh 配合物、Ru 配合物、Ir 配合物和其他非贵金属配合物等。

（5）CO_2 加氢合成 C_{2+} 烃

CO_2 和 H_2 通过费托合成途径（或其衍生过程）生成 C_{2+} 烃，这一策略基于反应耦合的原理。该过程通常涉及两个主要步骤：首先，CO_2 被转化成甲醇、CO 等 C1 平台分子；然后，这些 C1 分子再经进一步转化，通过甲醇制烃类反应或者费托合成过程，生成 C_{2+} 烃。因此，CO_2 加氢合成 C_{2+} 烃的路径可以概括为以下两条：

一是以甲醇等含氧化合物为中间体。在这条路线中，CO_2 首先通过特定的催化过程被转化为甲醇或二甲醚等含氧化合物。随后，这些含氧化合物在双功能催化剂的作用下，与 H_2 发生反应，直接生成 C_{2+} 烃。这一过程可能涉及复杂的催化机理和特定的反应条件。

二是 CO_2 基改性的费托合成路线。在这条路线中，CO_2 首先在多功能催化剂的作用下，通过逆水煤气变换反应生成 CO。随后，CO 作为关键中间体，通过费托合成过程生成 C_{2+} 烃。此外，CO 还可能先转化为烯烃，烯烃再在分子筛催化剂的作用下，通过异构化、环化或芳构化等反应，进一步转化为异构烃和芳香烃。这一路线中的费托合成部分可能与传统费托合成有所不同，因为它是在 CO_2 基改性的条件下进行的。

2. 光催化 CO_2 转化为能源化学品

人们通过光催化或者光热耦合催化，可以将 CO_2 和 H_2O 转化为 CO、CH_4、CH_3OH 等化合物。在太阳光驱动下，我们可利用光催化材料在温和的反应条件（常温和常压）下，实现催化转化 CO_2 为可再生碳氢燃料，其反应式为：

$$CO_2 + H_2O \longrightarrow 碳氢化合物 + O_2 \tag{4-10}$$

以碳氢燃料为能源载体，可以实现碳的循环利用。光催化 CO_2 还原过程旨在模拟自然光合作用，通过人工光合作用系统（利用太阳能和光催化剂）在常温、常压条件下，将 CO_2 转化为碳氢燃料。光催化还原 CO_2 为碳氢燃料的原理如图 4-11 所示。

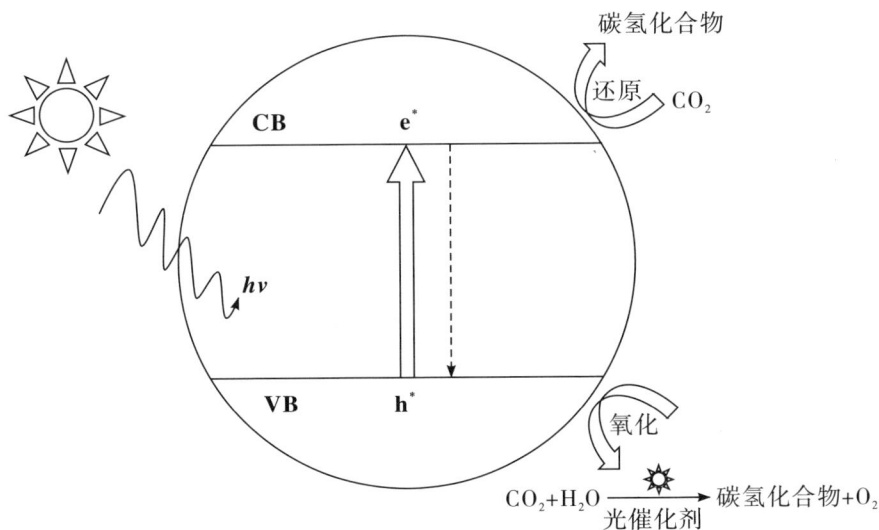

图 4-11　光催化还原 CO_2 为碳氢燃料

开发新型高效的光催化材料是构建高效光催化反应体系的关键。还原 CO_2 的光催化剂需符合一定的还原电势，即催化剂的导带电势需高于 CO_2 还原电势。常见的光催化材料有金属配合物、金属氧化物/硫化物等无机半导体材料、金属有机骨架材料、非金属半导体材料等。其中，半导体材料是较为理想的催化材料之一。

3. 电催化 CO_2 转化为能源化学品

近年来，以光、风、电为代表的新能源产业快速发展，利用可再生能源转化储存的电能，实现高效 CO_2 电催化还原，被认为是减缓温室效应并实现碳中和的有效手段。CO_2 电催化是直接利用电能在两电极之间形成电位差，从而将 CO_2 还原为增值产品。其反应式为：

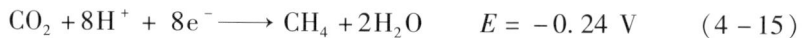

$$CO_2 + 2H^+ + 2e^- \longrightarrow CO + H_2O \qquad E = -0.52 \text{ V} \qquad (4-11)$$

$$CO_2 + 2H^+ + 2e^- \longrightarrow HCOOH \qquad E = -0.61 \text{ V} \qquad (4-12)$$

$$CO_2 + 4H^+ + 4e^- \longrightarrow HCHO + H_2O \qquad E = -0.48 \text{ V} \qquad (4-13)$$

$$CO_2 + 6H^+ + 6e^- \longrightarrow CH_3OH + H_2O \qquad E = -0.38 \text{ V} \qquad (4-14)$$

$$CO_2 + 8H^+ + 8e^- \longrightarrow CH_4 + 2H_2O \qquad E = -0.24 \text{ V} \qquad (4-15)$$

相比于其他催化反应，电催化具有以下优点：①通过调节电势和反应温度，可以控制反应过程；②电解质可以循环使用，实质上消耗的是水，即水和 CO_2 的一系列反应；③电催化的反应装置十分紧凑、模块化且易于放大。

近年来，研究者们对电催化转化 CO_2 的电极材料进行了深入研究，常见的电极材料有金属电极、气体扩散电极（GDEs）、复合电极（修饰电极）等。

（1）金属电极

金属电极具有较高的法拉第效率和电流密度。高析氢电位金属电极材料（Cd、In、Sn、Pb、Tl）催化 CO_2 转化的主要产物为甲酸；中析氢电位金属电极材料（Ag、Au、Zn）催化 CO_2 转化的主要产物为 CO；低析氢电位金属电极材料（Al、Si、V、Cr、Mn、Fe、Co、Zr、Nb、Mo、Pt）催化 CO_2 转化的主要产物为 H_2。金属电极材料具有结构简单、传导性好、易制备、易获得的特点。在电解还原 CO_2 过程中，电流密度普遍偏低。CO_2 从电解质转移到阴极上的传质过程是限制 CO_2 电解转化的重要因素。

金属电极电催化 CO_2 还原的反应中，生成甲酸的反应被认为是较有前景的反应之一。这个反应通过两个电子进行，可以获得相当高的产物选择性。金属电极被用于电催化 CO_2 还原甲酸，如图 4-12 所示。

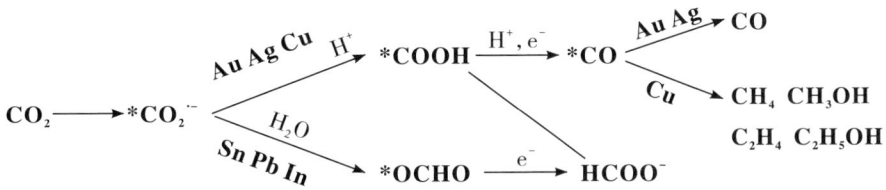

图 4-12　金属电极电催化 CO_2 还原甲酸机理

（2）气体扩散电极

气体扩散电极催化电解 CO_2 时，反应速率提高了 100 倍左右。气体扩散电极具有孔隙结构，有利于气体扩散，能够加快传质过程，但是普遍存在过电势较高、产物选择性较差和电流效率较低等缺点。

（3）复合电极（修饰电极）

复合电极电催化 CO_2 转化中，常见的复合电极有金属电极、PAn/Pt 电极、聚吡咯电极（以 $CH_3OH/LiClO_4$ 为电解质）、PAn/Cu_2O 纳米颗粒电极等。这些电极催化 CO_2 转化的主要产物为甲酸和乙酸。复合电极通过对电极某种程度上的复合和修饰可以大大改善电极性能，加快反应速率，降低过电势，提高选择性，并且达到控制还原产物分布的目的。

总而言之，在电催化转化 CO_2 的反应中，反应温度在一定程度上会对反应的选择性和产物分布造成影响；增加 CO_2 分压，能增加其溶解度，对还原反应带来影响；CO_2 在非水溶剂介质中的溶解度更大，可抑制 CO_2 还原的竞争性反应（H_2 的生成）。

（二）CO_2 转化为食品

1. CO_2 转化为淀粉

淀粉是碳水化合物的储存形式，是人类饮食中热量的主要来源，也是生物工业的主要原料。目前，淀粉主要由玉米等农作物生产，主要通过自然光合作用固定 CO_2。但是农作物种植通常需要较长周期，并使用大量土地与淡水等资源和肥料、农药等农业生产资料。因此，在淀粉人工合成方面，中国科学院天津工业生物技术研究所在国际上首次实现 CO_2 到淀粉的合成，提出了一种在无细胞系统中利用 CO_2 和氢合成淀粉的生化混合途径——人工淀粉合成代谢途径（ASAP），如图 4-13 所示。

电氢还原　　　单碳缩合　　　3碳缩合　　　生物聚合
CO_2 ⟹ 有机C1 ⟹ C3中间体 ⟹ C6中间体 ⟹ 淀粉分子

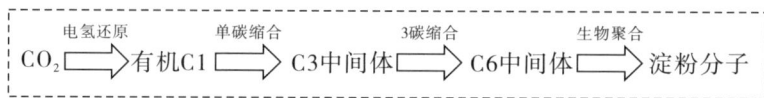

图 4 - 13　CO_2 合成淀粉示意图

这项研究根据当前推断的技术参数，在能量供给充足条件下，1 立方米大小的生物反应器年产淀粉量相当于 5 亩土地玉米种植的淀粉年平均产量（按我国玉米淀粉平均亩产量计算）。所获得的结果使淀粉生产从传统的农业模式转变为车间生产模式，并为以 CO_2 为原料合成复合分子提供了新的技术途径。如果该系统在未来设法降低其过程成本，包括原料成本、设备成本、能源消耗成本、生产工艺成本等，将有可能节省 90% 以上的耕地和淡水资源，同时减少对环境的负面影响，提高人类食品安全水平，促进碳中和的生物经济发展。

2. CO_2 转化为葡萄糖和脂肪酸

CO_2 除了可以"变"淀粉，还能"变"葡萄糖和脂肪酸。我国科学家独创了一种 CO_2 转化新路径，通过电催化与生物合成的结合，先将 CO_2 高效还原为高浓度乙酸，然后用酿酒酵母对乙酸进行发酵，成功以 CO_2 和水为原料合成了葡萄糖和脂肪酸。科学家选择乙酸作为原料，是因为它不仅是食醋的主要成分，还是一种优秀的生物合成碳源，可以转化为葡萄糖等其他生物物质。这个过程可以理解为，先将 CO_2 转化为酿酒酵母的"食物"——醋，然后酿酒酵母不断"吃醋"来合成葡萄糖和脂肪酸，如图 4 - 14 所示。

为了提高电催化获得的乙酸的纯度，我们可以利用新型固态电解质反应装置，使用固态电解质代替原本的电解质盐溶液，直接得到了无须进一步分离的纯乙酸水溶液。该装置能稳定在 250 mA/cm² 偏电流密度内，超 140 小时连续制备纯度达 97% 的乙酸水溶液，使酿酒酵母葡萄糖产量达到 2.2 g/L。

3. CO_2 转化为食品添加剂

在食品行业中，CO_2 可以作为碳酸饮料和啤酒添加剂、食品加工过程中的惰性保护气体。食品工业中的 CO_2 应用规模较小，但是对于 CO_2 的品质要求较高。

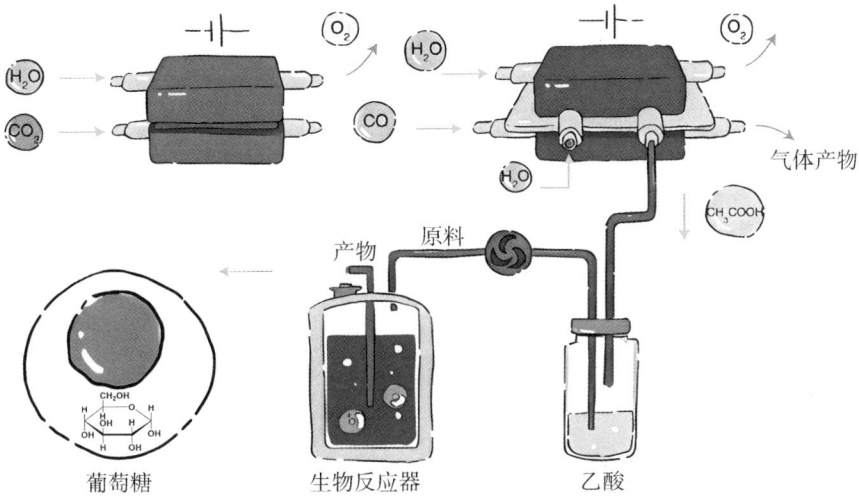

图 4 - 14　CO_2 合成葡萄糖示意图

图片来源：Upcycling CO_2 into energy-rich long-chain compounds via electrochemical and metabolic engineering.

我们可以将排放的 CO_2 进行回收并净化处理，以制取达到国家食品级别标准的气态 CO_2，进而用于生产食品添加剂——碳酸氢铵。具体过程如下：利用先进的 CO_2 捕集与净化技术，回收园区内排放的 CO_2。这些 CO_2 经过压缩、冷却、降温以及脱水处理后，再进行脱硫和脱烃处理，以确保其达到食品级标准。处理后的 CO_2 随后被汽化，并进入碳化塔。在碳化塔中，浓氨水通过鼓泡方式吸收汽化的 CO_2，生成含有碳酸氢铵结晶的悬浮液。该悬浮液再经过离心分离和干燥系统处理，最终生成碳酸氢铵粉末。食品级碳酸氢铵是生产膨胀类食品的重要添加剂之一，常被用作面包、饼干、煎饼等食品的膨松剂原料，也被用于制作发泡粉末果汁。

（三）CO_2 转化为工业产品

将 CO_2 与生物质、煤、石油和天然气一起，作为工业的五大基础原材料，构建全新的 CO_2 经济产业链，不仅可以用于生产甲醇、烯烃等基础化工品，还涉及各种中间体以及上万种终端产品（见图 4 - 15）。

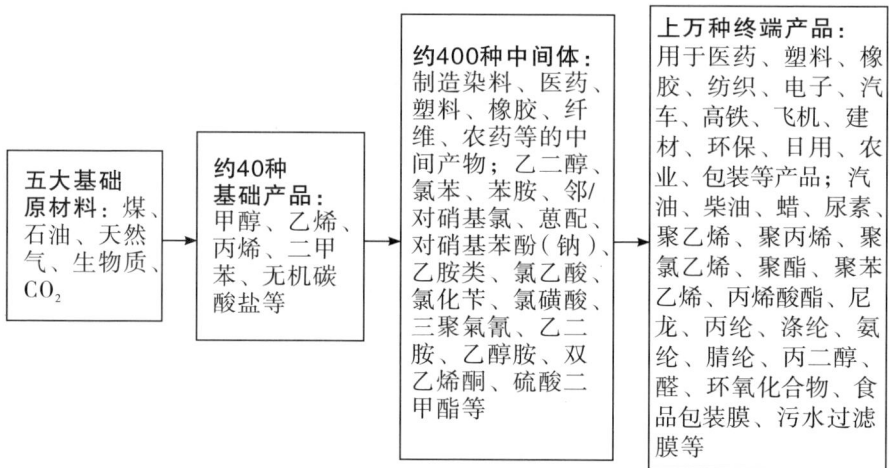

```
┌─────────┐   ┌─────────┐   ┌──────────────┐   ┌──────────────┐
│五大基础   │   │约40种    │   │约400种中间体：│   │上万种终端产品：│
│原材料：煤、│   │基础产品： │   │制造染料、医药、│   │用于医药、塑料、橡│
│石油、天然  │→  │甲醇、乙烯、│ → │塑料、橡胶、纤 │ → │胶、纺织、电子、汽│
│气、生物质、 │   │丙烯、二甲  │   │维、农药等的中 │   │车、高铁、飞机、建│
│CO₂等      │   │苯、无机碳  │   │间产物；乙二醇、│   │材、环保、日用、农│
└─────────┘   │酸盐等     │   │氯苯、苯胺、邻/ │   │业、包装等产品；汽│
              └─────────┘   │对硝基氯、蒽配、│   │油、柴油、蜡、尿素、│
                            │对硝基苯酚（钠）│   │聚乙烯、聚丙烯、聚│
                            │乙胺类、氯乙酸、│   │氯乙烯、聚酯、聚苯│
                            │氯化苄、氯磺酸、│   │乙烯、丙烯酸酯、尼│
                            │三聚氰氰、乙二  │   │龙、丙纶、涤纶、氨│
                            │胺、乙醇胺、双  │   │纶、腈纶、丙二醇、│
                            │乙烯酮、硫酸二  │   │醛、环氧化合物、食│
                            │甲酯等        │   │品包装膜、污水过滤│
                            └──────────────┘   │膜等          │
                                               └──────────────┘
```

图 4 – 15　以 CO_2 为基础原材料的中间和终端产品

1. CO_2 转化为汽油

中国科学院大连化学物理研究所于 2017 年开发了 CO_2 加氢制汽油技术。该技术是在温和的条件下，将 CO_2 加氢生成汽油和水，汽油燃烧再产生 CO_2，水电解还可产生氢，实现了资源的循环利用。

CO_2 加氢制汽油技术创制了复合催化剂，通过多活性位点协同耦合的工艺，实现了汽油的高收率合成，且催化剂制备简单，易于实现工业化生产；研制了高效等温固定床 CO_2 加氢反应器，提升 CO_2 转化率和汽油选择性，满足节能减碳的生产要求；实现了在温和条件下生产以高辛烷值异构烷烃和芳香烃为主要成分的国Ⅵ标准汽油，如图 4 – 16 所示。2020 年，该技术在山东邹城工业园区建成千吨级中试装置。该装置已陆续实现投料试车、正式运行以及工业侧线数据优化，于 2021 年 10 月通过了中国石油和化学工业联合会连续 72 小时的现场考核。该技术每生产 1 吨汽油大约消耗 4.3 吨 CO_2、0.6 吨 H_2，并可副产 0.3 吨轻烃。

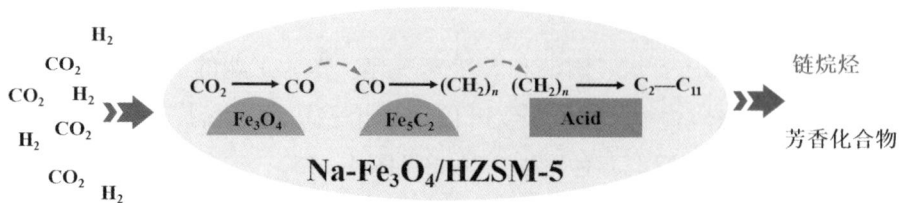

图 4 – 16　CO_2 转化为汽油的合成途径

2. CO_2 转化为塑料

塑料是以单体为原料，通过加聚或缩聚反应聚合而成的高分子化合物，是重要的有机合成高分子材料，应用非常广泛。在处理影响全球气候变暖的温室气体 CO_2 问题上，将排放的大量 CO_2 转化成有用的塑料原料，用于生产饮料瓶、DVD 光碟和其他有用的塑料制品，对减缓气候变暖有很大的贡献。

（1）CO_2 转化为聚碳酸亚丙酯（PPC）塑料

在特定的催化剂作用下，CO_2 和环氧丙烷可以共聚生成 PPC。PPC 塑料作为一种新型脂肪族聚酯，具有良好的降解性能和阻隔性能，还具有透明和无毒等优点，因此 PPC 在食品包装、医用材料、胶黏剂以及工程塑料等方面具有较好的应用前景。例如：中国科学院长春应用化学研究所发展了稀土三元催化体系，成功实现了 CO_2 与环氧丙烷的交替共聚反应，并建成了多条 PPC 生产线。冯超教授带领团队与中国科学院长春应用化学研究所合作，致力于 PPC 在医用领域的研发和推广。他们利用低玻璃化温度的 CO_2 共聚物原料，开发出替代医用无纺布行业的新品种——可降解医用 CO_2 共聚物敷料。

（2）CO_2 转化为聚氨酯（PU）泡沫塑料

将 CO_2 与多元醇和异氰酸酯等原料进行反应，可以制备出具有优良性能的聚氨酯泡沫塑料。CO_2 转化为聚氨酯泡沫塑料的原理主要基于 CO_2 发泡技术。CO_2 在聚氨酯中形成气泡，这些气泡在材料中形成多孔结构，从而使聚氨酯泡沫塑料具有轻质、隔热、隔音等特性。这种泡沫塑料具有密度低、强度高、隔热性好、隔音效果好等优点，被广泛应用于建筑、汽车、家具等领域。

（3）CO_2 转化为碳基材料

CO_2 可转化为碳纤维复合材料，其工艺过程为：首先，通过特定的化学反应，将 CO_2 转化为可用于纺丝的液态或气态前驱体；其次，将转化得到的前驱体通过特定的纺丝工艺制成细长的纤维；再次，待纺丝完成后，对纤维进行高温热处理，使其结构发生转变，形成具有高强度和高模量的碳纤维；最后，将碳化后的碳纤维与树脂或其他基体材料复合，形成碳纤维复合材料，这一步骤可以通过浸渍、热压或其他复合材料制备工艺实现。

CO_2 可转化为碳纳米材料。CO_2 转化为碳纳米材料的过程涵盖电解与催化转化、光催化还原、电化学还原及熔融盐电化学转化等多种方法。这些方法基于化学反应原理，通过施加电流、光照或利用催化剂，在特定条件下将 CO_2 还原为碳纳米纤维、碳纳米颗粒、碳纳米管等高价值的碳纳米材料。工艺过程涉及电解液准备、电极设置、光催化材料选择、熔融盐制备等步骤，并需对产物进行后续的收集、纯化和表征。这些技术路径各有特色，适用于不同的应用场景和需求，为 CO_2 的高效转化和碳纳米材料的制备提供了多种选择。

3. CO_2 转化为尿素

尿素是化学工业中的重要原料，被广泛用作化肥中的氮源，是现今世界上最常用的氮肥。CO_2 转化为尿素的过程通常涉及化学或生物催化方法，利用特定的催化剂或微生物，在适宜的条件下将 CO_2 与氨或其他反应物结合，经过一系列化学反应生成尿素。

工业合成尿素的方法基本是在液相中由 NH_3 和 CO_2 反应合成的，属于有气相存在的液相反应（见图 4-17），反应被认为分两步进行：

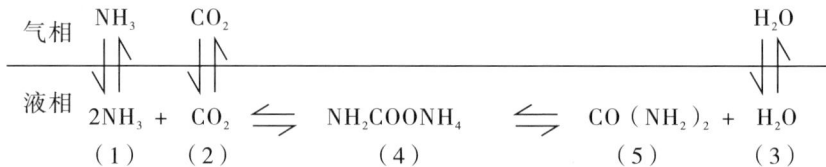

图 4-17　工业合成尿素的原理

工业上由 NH_3 与 CO_2 直接合成尿素包括以下步骤（见图 4-18）：① NH_3 与 CO_2 的原料供应及净化；② NH_3 与 CO_2 合成尿素，尿素熔融液与未反应物质的分离和回收；③尿素溶液的加工。

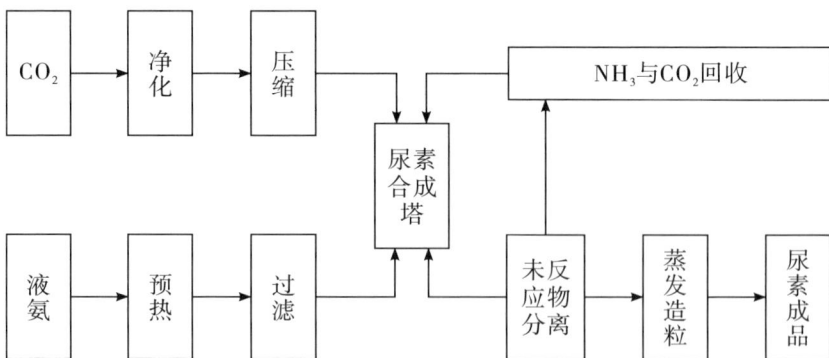

图 4-18　尿素生产流程图

4. CO_2 转化为其他化工新材料

（1）CO_2 转化为碳酸二甲酯

碳酸二甲酯是一种重要的化工原料，被广泛应用于涂料、塑料、纤维、医药等领域。CO_2 转化为碳酸二甲酯的原理主要是通过化学催化或电化学方法，在催化剂的作用下，将 CO_2 与甲醇等反应物进行反应。化学催化方法通常使用碱金属盐、碱土金属盐或过渡金属催化剂，反应过程中，催化剂的种类和用量、反应温度、压力以及反应时间等因素都会影响产物的产率和选择性。而电化学方法则通过电化学还原的方式，通常需要设计特定的电解池和电极材料，并在一定的电流和电压条件下进行。

（2）CO_2 转化为聚醚酮酯类产品

聚醚酮酯类产品因其出色的机械强度、耐摩擦性、电绝缘性、耐化学腐蚀性和耐辐射性等特性，在汽车制造、电子电器、医疗器械、航空航天、能源以及化工等多个领域得到广泛应用，成为高性能材料的重要组成部分。CO_2 转化为聚醚聚碳酸酯多元醇（聚醚酮酯类产品）的原理主要基于 CO_2 与环氧化合物的共聚反应。在这个过程中，CO_2 分子在催化剂的作用下被活化，与环氧化合物发生开环共聚反应。链转移剂则通过促进链转移反应，控制产物的相对分子质量和结构。

（3）CO_2 转化为 2 - 恶唑烷酮类药物

恶唑烷酮类物质，特别是抗生素，是一类新型全合成抗菌药物，对革兰阳性球菌及多重耐药菌具有强抗菌活性，临床上被用于治疗复杂皮肤软组织感染、医院及社区获得性肺炎等，且可能具有抗结核及其他生物活性。

CO_2 转化为 2 - 恶唑烷酮类药物的原理主要是通过化学催化过程实现的。在这个过程中，CO_2 与氮杂环化合物（如氮丙啶或炔丙胺等）在催化剂的作用下发生环加成反应，生成 2 - 恶唑烷酮类药物。催化剂在 CO_2 转化为 2 - 恶唑烷酮类药物的过程中起着至关重要的作用。目前，已有多种催化剂被报道用于催化该类反应，包括金属有机框架材料、贵金属催化剂以及非贵金属催化剂等。这些催化剂能够有效地降低反应的活化能，使 CO_2 分子得到活化，并与氮杂环化合物发生反应。

（4）CO_2 转化为氨基甲酸酯

CO_2 转化为氨基甲酸酯的原理主要基于 CO_2 与胺的反应。在过量胺存在下，CO_2 与胺反应生成氨基甲酸，随后酸会脱质子，生成氨基甲酸酯和质子化胺的混合物。具体来说，CO_2 分子中的碳原子与氧原子以双键结合，具有较高的反应活性。在适当的条件下，CO_2 可以与胺分子中的氮原子发生亲核加成反应，形成氨基甲酸中间体。然后，这个中间体进一步失去质子，形成氨基甲酸酯。同时，胺分子在接受质子后形成质子化胺。CO_2 转化为氨基甲酸酯的过程是一个复杂的化学反应过程，涉及多个步骤和中间体的形成。优化反应条件、选择合适的催化剂和溶剂等，可以提高反应的效率和产物的选择性。

三、技术挑战与前景

化学固碳技术作为实现碳中和目标的重要手段，虽然展现出了巨大潜力，但在实际应用中仍面临一系列挑战，不过其总体前景是可观的。

（一）挑战

1. 成本问题

化学固碳技术的成本普遍较高，包括初始投资、运行维护以及能耗等，这直接影响了该技术的商业化和规模化发展。

2. 技术成熟度

许多化学固碳技术仍处于研发或示范阶段，尚未达到大规模工业化应用的要求，技术成熟度有待提高。

3. 环境影响

在实施化学固碳过程中，需要考虑潜在的环境风险，如水资源消耗、土壤和空气污染等。

4. 资源化利用效率

由于 CO_2 的化学惰性，有效转化和利用 CO_2 需要投入大量能量，这限制了资源化利用的效率。

（二）前景

1. 高附加值产品开发

利用化学固碳技术可以开发高附加值的碳基新材料，如碳纳米管、石墨烯等，为碳中和提供经济基础。

2. **跨学科集成**

化学固碳技术的发展需要材料科学、化学工程、生物学等多学科的集成与创新，以实现技术突破。

3. **政策与市场支持**

随着全球对碳中和目标的重视，政策支持和市场机制的完善将为化学固碳技术的发展提供动力。

4. **技术创新**

持续的技术创新，如新型催化剂的开发、新工艺的探索等，将进一步降低成本，提高化学固碳技术的效率和可行性。

化学固碳技术的发展需要综合考虑技术、经济、环境等多方面因素，我们需通过政策引导、技术创新和市场机制的协同作用，推动其向规模化、商业化发展。

思考题

1. 简述碳汇的定义和分类。

2. 什么是森林固碳？

3. 森林固碳的动态过程可以从哪几个阶段来描述？

4. 可持续林业实践措施包括哪些？

5. 常用的森林固碳监测方法和技术包括哪些？

6. 简述草原生态系统固碳的机制。

7. 草原生态系统的碳储存包括哪些过程？

8. 简述草原固碳的监测方法。

9. 草原固碳潜力的评估主要包括哪些步骤？

10. 什么是 CCS 和 CCUS 技术？

11. 简述碳捕集的定义。

12. 简述燃烧前碳捕集与封存技术的定义，具体包括哪些步骤？

13. 简述富氧燃烧碳捕集技术的定义，具体包括哪些步骤？

14. 简述燃烧后碳捕集技术的定义。

15. 燃烧后碳捕集技术常用的方法有哪些？

16. 简述化学吸收法的原理。

17. 简述吸附法的原理。

18. 简述膜分离技术的原理。

19. 简述碳输送的定义和方式。

20. 简述碳的封存的定义和分类。

21. 简述地质封存的定义和主要方法。

22. 简述海洋封存的定义和主要方法。

23. 简述碳的地质利用的定义和分类。

24. 简述 CO_2 强化石油开采技术的原理。

25. 简述矿物碳酸化技术的定义、原理和方法。

26. 简述 CO_2 转化途径。

27. 简述 CO_2 甲烷化反应过程和反应方程式。

28. 简述电催化的优点。

29. 简述工业上由 NH_3 与 CO_2 直接合成尿素的原理和步骤。

30. 简述化学固碳技术在实际应用中面临的挑战。

参考文献

［1］张贤，杨晓亮，鲁贤，等. 中国二氧化碳捕集利用与封存（CCUS）年度报告（2023）［R］. 北京：中国 21 世纪议程管理中心，全球碳捕集与封存研究院，清华大学，2023.

［2］丁仲礼，张涛，等. 碳中和：逻辑体系与技术需求［M］. 北京：科学出版社，2022.

［3］蔡伟祥，徐丽，李明旭，等. 2010—2060 年中国森林生态系统固碳速率省际不平衡性及调控策略［J］. 地理学报，2022，77（7）：1808 – 1820.

［4］茶娜，刘宝河，张朕，等. 不同恢复年限下典型草原区路域生态系统固碳功能研究［J］. 中国农业科技导报，2023，25（9）：207 – 216.

［5］傅佳欣. 燃烧后碳捕集与燃气蒸汽联合循环耦合特性研究［D］. 北京：华北电力大学，2021.

［6］黄志辉，毛文超，李小姗，等. 基于重整煤气喷吹 – 氧气高炉的富氧燃

烧碳捕集方案［J］. 煤炭转化，2024，47（1）：71－80.

［7］王旭. 天然气富氧燃烧炉窑碳捕集工艺模拟研究［D］. 武汉：华中科技大学，2021.

［8］温鬵，韩伟，车春霞，等. 燃烧后二氧化碳捕集技术与应用进展［J］. 精细化工，2022，39（8）：1584－1595，1632.

［9］吴佳阳. 燃烧后二氧化碳捕集系统的全生命周期环境评价［D］. 杭州：浙江大学，2019.

［10］郑磊钊. 耦合富氧燃烧动力循环的制氢工艺碳捕集研究［D］. 广州：华南理工大学，2022.

［11］BAI Y F, COTRUFO M F. Grassland soil carbon sequestration: current understanding, challenges, and solutions［J］. Science, 2022, 377 (6606): 603－608.

［12］CAI T, SUN H B, QIAO J, et al. Cell-free chemoenzymatic starch synthesis from carbon dioxide［J］. Science, 2021, 373 (6562): 1523－1527.

［13］LIANG Y, XIA Q, YANG J Y, et al. Efffcient in-situ conversion of low-concentration carbon dioxide in coal-fired fired gas using silver nanoparticles in amino-functionalism poly-ionic liquids［J］. Chemical engineering journal, 2024, 498: 1－10.

［14］XIONG T K, ZHOU X Q, ZHANG M, et al. Electrochemical-mediated fixation of CO_2: three component synthesis of carbamate compounds from CO_2, amines and n-alkenylsulfonamides［J］. Green chemistry, 2021, 23 (12): 4328－4332.

［15］CHEN P B, YANG J W, RAO Z X, et al. Efficient in-situ conversion of low-concentration carbon dioxide in exhaust gas using silver nanoparticles in n-heterocyclic carbene polymer［J］. Journal of colloid and interface science, 2023, 652: 866－877.

［16］ZHENG T T, ZHANG M L, WU L H, et al. Upcycling CO_2 into energy-rich long-chain compounds via electrochemical and metabolic engineering［J］. Nature catalysis, 2022, 5: 388－396.

第五章 碳足迹

第一节 碳足迹概述

一、什么是碳足迹

碳足迹概念衍生于生态学家 William E. Rees 和 Mathis Wackernagel 提出的生态足迹（Ecological Footprint），具体指在人类生产和消费活动中所排放的与气候变化相关的气体总量。目前，碳足迹尚无统一的准确定义，国际组织和学界对其有着不同的理解和认识。《联合国气候变化框架公约》对碳足迹的定义是："衡量人类活动中释放的，或是在产品/服务的整个生命周期中累计排放的二氧化碳（CO_2）和其他温室气体的总量。"碳足迹不仅是一个对温室气体简单的量化过程，还是体现从国家、组织（企业）到个人的行为是否符合环境正义原则的重要指标。碳足迹是温室气体核算方法的一种，通常以吨二氧化碳当量（tCO_2eq）为单位。

二、碳足迹分类

（一）按应用层面分类

1. 国家/区域碳足迹

国家/区域碳足迹是指一个国家或区域在一定时期内所有经济活动和居民生活所直接或间接产生的 CO_2 及其他温室气体排放的总量。它反映了一个国家/区域在能源消耗、工业生产、交通运输、农业活动、居民消费等各个领域对气候变化的影响。例如，中国作为世界上最大的发展中国家，其经济的快速发展在过去导致了较高的碳排放量。但近年来，中国通过大力发展可再生能源、提高能源效率、加强工业减排等一系列措施，努力减少国家碳足迹，为全球应对气候变化作出了积极贡献。

2. 组织/企业碳足迹

组织/企业碳足迹是指组织或企业在生产、经营、运输、销售等一系列活动中，直接或间接产生的温室气体排放总量。它涵盖了企业从原材料采购、生产过程、产品运输与配送、产品使用至废弃物处理的整个生命周期中所产生的碳排放。比如，一家制造汽车的企业，其碳足迹不仅包括工厂生产汽车时消耗的能源所产生的碳排放（如电力、燃料），还包括原材料开采和运输过程中的碳排放、零部件生产和运输的碳排放，甚至包括汽车在使用阶段消耗燃料所产生的碳排放以及报废处理时的碳排放。

3. 产品碳足迹

产品碳足迹是指某个产品在其整个生命周期中，包括原材料获取、生产、运输、销售、使用以及废弃处理等阶段，直接或间接产生的温室气体排放总量。如一瓶饮料的碳足迹包含了种植原材料（水果等）的碳排放、加工生产饮料时的碳排放、饮料包装材料生产和运输的碳排放、饮料运输到零售商和消费者手中的碳排放，甚至包括饮料瓶回收或处理的碳排放。

产品碳足迹的计算和评估对于消费者而言，有助于他们作出更环保的消费选择，推动市场对低碳产品的需求；对于企业来说，可以帮助其识别产品在各个环节的碳排放特点，从而有针对性地进行改进和优化，提高产品的环保性能，增强市场竞争力。从整个社会层面来看，产品碳足迹的计算和评估能够促进资源的合理利用和产业的绿色转型，推动可持续发展。

4. 个人/家庭碳足迹

个人/家庭碳足迹是指个人或家庭在日常生活中因各种活动，如出行、饮食、居住、购物等直接或间接产生的温室气体排放量。如一个人每天开车上班，汽车燃烧汽油会直接产生碳排放，而其在超市购买的食品，其生产、运输、储存等过程中也会间接产生碳排放，这些加起来就构成了这个人的碳足迹。

计算个人碳足迹能够让我们更清楚地了解自己的生活方式对环境的影响，

从而有针对性地采取措施来减少碳排放。比如，减少不必要的出行，尤其是长途的飞机旅行；选择公共交通、骑行或步行；调整饮食结构，增加蔬菜水果的摄入，减少肉类消费；购买节能电器，节约水电等。

（二）按特定部门或领域分类

1. 能源领域碳足迹

能源领域碳足迹是指能源在生产、传输、分配、储存和使用过程中直接或间接导致的温室气体排放总量。煤炭、石油、天然气等化石燃料的开采、加工和转化过程，会产生大量的温室气体排放。此外，生物质能和可再生能源（如水电、风电、太阳能等）的生产过程也可能产生一定的排放，尽管其排放水平通常远低于化石燃料。电力在电网传输和分配过程中，由于电阻、设备损耗等因素，会产生一定的电能损失，并转化为热能排放到大气中。这些热能排放虽然不直接产生 CO_2，但会增加电力系统的整体碳足迹。对于某些类型的能源（如氢能、电能等），其储存过程也可能产生温室气体排放。例如，氢能储存需要使用高压容器或液态储存技术，这些技术的运用都可能产生碳排放。在工业生产、交通运输、居民生活等各个领域，能源的使用都会产生温室气体排放。这些温室气体排放主要源于化石燃料的燃烧，如汽车尾气、工业锅炉和窑炉的排放等。

能源领域碳足迹的核算对于制定有效的减排策略、推动能源转型和实现可持续发展目标具有重要意义。通过精确核算能源领域的碳足迹，政府和企业可以更加清晰地了解能源生产和消费过程中的排放情况，从而有针对性地制定减排措施和低碳发展战略。

2. 工业领域碳足迹

工业领域碳足迹是指在工业生产过程中，从原材料开采、加工、制造到产品运输、使用和废弃物处理整个生命周期内直接或间接产生的温室气体排放总量。这些排放主要源于化石燃料的燃烧、工业生产过程中的化学反应、设备能耗以及废弃物处理等。工业领域是温室气体排放的主要来源之一，因此，减少工业领域的碳足迹对于实现全球减排目标和推动可持续发展具有重要意义。改进生产工艺、提高能源效率、使用低碳技术和材料等措施，可以有效降低工业领域的碳足迹。

3. 交通领域碳足迹

交通领域碳足迹是指在交通运输过程中，由各种交通工具（如汽车、飞机、火车、船舶等）及其相关设施（如道路、机场、港口等）的运营和维护所产生的温室气体排放总量。这些排放主要源于化石燃料的燃烧，如汽油、柴油、航空煤油等，以及部分电力消耗（如部分交通工具使用电力驱动）。

4. 农业领域碳足迹

农业领域碳足迹是指在农业生产活动中，直接或间接产生的温室气体排放总量。这些排放主要源于以下六个方面：

（1）能源消耗

农业生产过程中使用的各种机械设备，如拖拉机、收割机等，以及灌溉系统、温室设施等，这些设备在运行过程中会消耗能源，并产生温室气体排放。

（2）化肥和农药生产及使用

化肥和农药的生产过程会产生温室气体排放，同时化肥和农药的使用也会因为化学反应和土壤微生物活动而产生温室气体排放。特别是氮肥的生产和使用，是农业领域碳排放的重要来源之一。

（3）农田管理

农田的耕作、播种、收获等管理活动，以及农田土壤的翻耕、压实等过程，都会改变土壤的结构和微生物活动，从而影响温室气体的排放。

（4）畜禽养殖

畜禽养殖过程中，动物的呼吸、排泄和饲料发酵等都会产生温室气体排放。特别是反刍动物的瘤胃发酵，会产生大量的甲烷排放。

（5）稻田排放

稻田在生长季节，由于水稻植株的生长和根系活动，会产生甲烷排放。同时，稻田土壤的有机物质分解也会产生 CO_2 排放。

（6）农业废弃物处理

农业废弃物如秸秆、畜禽粪便等，在处理过程中如果采用不当的方式（如露天焚烧或堆肥不当），会产生温室气体排放。

第二节　碳足迹认证

一、碳足迹认证概述

碳足迹认证是一个对产品、服务、组织或个人的温室气体排放量进行量化、评估和验证的过程，通常由专业的认证机构按照特定的标准和方法进行。进行碳足迹认证可以确定一个实体的碳排放水平，并提供相关的证明和报告。如一家企业对其生产的某种商品进行碳足迹认证，经过一系列的核算和评估，确定该商品从原材料采购到生产、运输、销售、使用直至废弃处理整个生命周期中的碳排放量，并获得相应的认证证书。

二、碳足迹认证的意义

（一）碳足迹认证对气候变化的意义

气候变化是未来世界各国、政府部门、经济领域和公众所面临的巨大挑战之一，它对人类健康和自然界都会造成影响，并可能导致资源的使用、生产和其他经济活动的方式发生巨大变化。因此，各界正在国际、区域、国家和地方等各个层次上采取措施和行动，以控制大气中温室气体的浓度。这些措施和行动有赖于对温室气体排放和（或）清除的量化、监测、报告和核查。对企业而言，温室气体管理的第一步是建立产业温室气体盘查操作系统，确认目前企业排放状况，以评估未来可能排放的趋势，为企业进行温室气体减量工作提供有效信息。

（二）产品碳足迹认证对企业的价值

1. 促进节能减排与降低成本

通过碳足迹认证，企业可以全面了解产品在生产、运输、消费等全生命周期中的碳排放情况。这有助于企业发现生产过程中的高碳排放环节，并采取有效措施进行节能降碳改造，提升生产工艺和技术装备的绿色化水平。通过优化生产流程和节能减排措施，企业可以降低能源消耗和生产成本，提高资源利用效率。

2. 增强市场竞争力

随着消费者对环保产品的需求日益增长，产品碳足迹认证成为吸引消费者的重要因素。获得碳足迹认证的产品更能赢得消费者的青睐，从而增强企业的市场竞争力。在国际市场上，碳足迹认证已成为企业应对绿色贸易壁垒的重要手段。获得碳足迹认证有助于企业跨越国际碳关税和碳政策门槛，提升产品在国际贸易中的竞争力。

3. 推动技术创新与绿色发展

为了获得更好的碳足迹认证结果，企业需要加大技术创新力度，研发更加低碳、环保的产品和技术。这有助于提升企业的核心竞争力，推动行业技术进步。碳足迹管理有助于企业实现绿色发展转型，助力企业达到碳中和目标。通过持续改进和优化生产流程，企业可以降低碳排放强度，实现经济效益与生态效益的双赢。

4. 支持国家绿色政策与项目

产品碳足迹认证符合国家绿色低碳发展政策的要求，有助于企业获得政策支持和优惠。获得产品碳足迹认证的企业在申请国家绿色制造、生态设计试点等项目时具有更大的优势。

总之，通过产品碳足迹认证，企业能够向外界展示其对环境保护的坚定承诺，体现企业的社会责任感。碳足迹认证如同一枚闪亮的勋章，是企业绿色实力的有力证明。它能够帮助企业在激烈的市场竞争中脱颖而出，成为行业内的佼佼者。这种品牌形象的提升，有助于企业拓展市场份额，提高产品附加值，并创造更多的经济价值。

三、产品碳足迹认证的标准

（一）国际标准：ISO 14067

产品碳足迹评价是一个完整生命周期评价（Life Cycle Assessment，简称LCA）的温室气体的部分。基于 LCA 的评价方法，国际上已建立起多种碳足迹评估指南和规范，如 ISO 14040 和 ISO 14044。用于产品碳足迹评价和认证的 ISO 14067（《温室气体—产品碳足迹—量化要求及指南：ISO 14067：2018》）是当前产品碳足迹认证的主要国际标准之一。ISO 14067 的发展历程如图 5-1 所示。

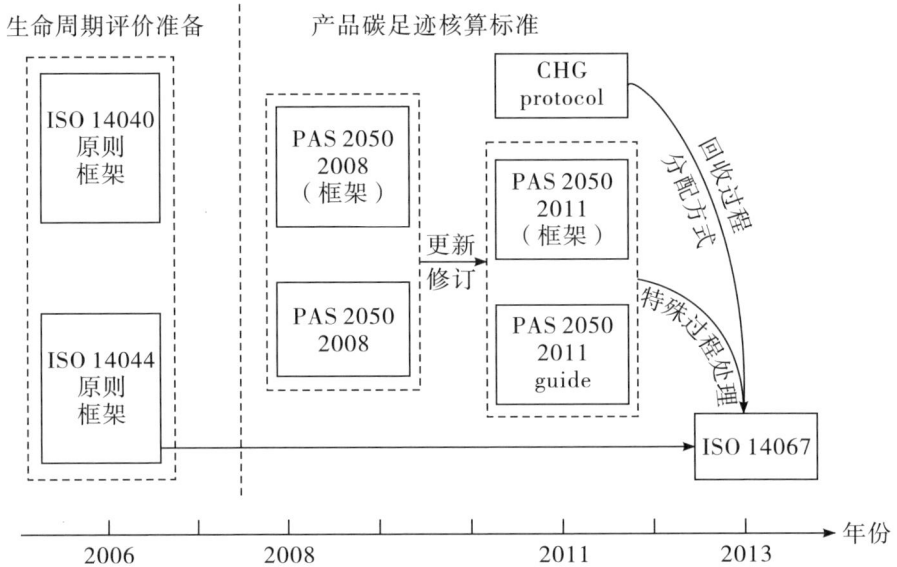

图 5-1　产品碳足迹国际标准发展历程

国际标准化组织（International Organization for Standardization，简称 ISO）于 2008 年提出了第一个有关产品碳足迹量化的准则——PAS 2050，这一准则为后续 ISO 14067 的制定奠定了重要基础。ISO/TS 14067 的早期版本（如 ISO/TS 14067：2013）为产品碳足迹的量化提供了初步的指导和要求。经过进一步的讨论和完善，ISO 14067 的正式版本于 2018 年发布，即 ISO 14067：2018。这一版本取代了之前的 ISO/TS 14067：2013，并提供了更为详细和全面的量化要求和指南。

ISO 14067：2018 不仅包含了 PAS 2050 的五个原则（相关性、完整性、一致性、准确性以及透明度），还对生命周期观点、相关方法和功能单位、迭代计算方法、科学方法选择顺序、避免重复计算、参与性、公平性等作出了详细规定。而且，ISO 14067：2018 进一步细化了产品碳足迹的量化要求和交流指南，明确了如何开发可验证的温室气体清单，并规定了机构边界的应用范围。

ISO 14067 作为国际性的标准，具有广泛的适用性和全球认可度。越来越多的国家和地区将其作为产品碳足迹评价的重要依据。许多知名企业已经对其产品应用了 ISO 14067 进行碳足迹核算，以展示其产品的环境绩效，并满足消费者/客户的采购需求。例如，在制造业中，瑞士 ABB 公司旗下的 VD4 真空断路器、中国上海蔚来汽车的 ET5 车型及其相关电驱动系统和电池包等都获得了基于 ISO 14067 的产品碳足迹证书。

（二）国内标准：GB/T 24067—2024

《温室气体　产品碳足迹　量化要求和指南》（GB/T 24067—2024）由生态环境部编制，其发布日期为 2024 年 8 月 23 日，并定于 2024 年 10 月 1 日起正式实施。此标准详细规定了产品碳足迹的研究范围、基本原则以及量化方法等。在编制过程中，该标准遵循了与国际上通行的生命周期评价标准相一致的原则，参考并转化采纳了国际化标准组织发布的 ISO 14067。

相较于 ISO 14067，GB/T 24067—2024 在保持与国际标准高度一致性的基础上，还充分考虑并融入了中国的实际国情，进行了必要的补充与优化。例如，该标准额外提供了编制具体产品碳足迹标准的参考框架，以及关于数据地理边界信息的建议，从而使其更能贴合中国的产品碳足迹核算实际需求。此标准广泛适用于所有需要进行产品碳足迹核算的组织和企业，为它们在量化产品碳足迹方面提供了科学、规范的指导。

（三）温室气体核算体系

温室气体核算体系（Greenhouse Gas Protocol，简称 GHG Protocol）是一套国际上广泛认可的温室气体会计和报告标准。该体系由世界资源研究所（WRI）和世界可持续发展工商理事会（WBCSD）联合开发，旨在为政府、企业和其他组织提供一个清晰、一致的框架来量化和管理其温室气体排放。

GHG Protocol 的核心架构包括核算标准、核算方法以及报告要求等关键组成部分。其中，核算标准明确了组织边界和排放范围的界定，包括直接排放（范围 1）、间接能源相关排放（范围 2）以及其他间接排放（范围 3）。核算方法则采用排放因子法，根据活动数据（如能源消耗量、产量等）和相应的排放因子来计算温室气体排放量。在报告要求方面，GHG Protocol 要求组织以标准化的格式报告其温室气体排放情况，包括文字说明、表格、图片等形式，以便于不同企业和组织之间的比较和分析。同时，该体系还强调建立完善的数据收集、记录和验证体系，确保温室气体排放数据的准确性和可靠性。GHG Protocol 为企业和组织提供了全面、系统的温室气体核算和管理方法。

第三节　碳足迹认证实践

一、个人碳足迹认证

个人碳足迹是指一个人在日常生活中，通过各种活动（如交通、饮食、居住、消费等）所产生的温室气体排放量，通常以 CO_2 排放量来衡量。这些活动包括但不限于开车、乘坐飞机、使用电器、购买商品等。

（一）个人碳排放量化计算关注要点

1. 能源消耗

（1）居家用电

要计算各种电器设备（如照明灯具、电视、冰箱、空调、洗衣机等）的耗电量，并据此计算碳排放量，需要先确定这些设备的耗电量，然后利用相应的碳排放系数（例如，每千瓦时电产生 0.6 ~ 0.9 $kgCO_2eq$，通常取 0.75 $kgCO_2eq$）来进行计算。

（2）供暖与制冷

若使用集中供暖，我们需根据供暖面积和当地的供暖碳排放因子来计算碳排放量；若使用空调等设备来制冷或制热，我们则需考虑设备耗电所产生的碳排放量，同时，还应将制冷剂泄漏等因素可能导致的额外温室气体排放纳入计算范围。

（3）热水供应

由于使用电热水器和燃气热水器等供应热水的方式不同，它们所产生的碳排放也会有所不同。因此，我们需要分别计算这些热水器能源消耗所对应的碳排放量。

2. 交通出行

（1）公共交通

乘坐地铁、公交车等公共交通工具时，我们可以根据乘坐的里程数，结合不同交通方式的碳排放因子来计算碳排放量。例如，地铁每千米每人的碳排放量约为 0.02 $kgCO_2eq$。

（2）私人汽车

计算汽车碳排放量时，我们需要考虑汽车的油耗、行驶里程，通过将油耗升数乘以相应的碳排放系数（例如，每升汽油产生 2.3 ~ 2.4 $kgCO_2eq$）来得出碳排放量。此外，我们还需考虑车辆的类型、排量以及燃油种类等因素对碳排放量的影响。

（3）航空旅行

飞行里程是计算飞机碳排放的主要考量因素。不同航程的飞机具有不同的碳排放系数。例如，短途飞行（200 km 以内）每名乘客每千米排放约 0.255 $kgCO_2eq$，中途飞行（200 ~ 1 000 km）每名乘客每千米排放可通过公式 55 + 0.105 × （千米数 − 200）计算获得，长途飞行（1 000 km 以上）每名乘客每千米排放约 0.150 $kgCO_2eq$。

（4）其他出行方式

骑行、步行等出行方式，一般不产生 CO_2 排放。

3. 饮食消费

（1）食物种类

肉类和奶制品等高碳食物的消费比例，以及蔬菜、谷物等低碳食物的消费比例，都是影响碳排放的重要因素。例如，生产 1 kg 牛肉所产生的温室气体排放量为 18.7 ~ 29.5 $kgCO_2eq$，相比之下，生产 1 kg 蔬菜的温室气体排放量则相对较低（0.06 ~ 0.11 $kgCO_2eq$）。

（2）食物来源

本地生产的食物与从外地运输而来的食物在运输过程中所产生的碳排放是不同的。因此，在计算碳排放时，我们需要考虑食物的运输距离、运输方式等因素对碳排放量的影响。

（3）食物浪费

在食物的生产、加工、运输等环节所产生的碳排放中，浪费的食物所对应的部分也应被纳入计算。据统计，全球每年约有三分之一的食物被浪费，而这些被浪费的食物在整个生命周期中产生了大量的温室气体。

4. 日常用品消费

（1）商品购买

购买各类商品的频率、种类和金额，以及这些商品在生产、包装、运输等各个环节中所产生的碳排放，都是需要考虑的因素。例如，购买一件衣服时，我们需要考虑其从原材料种植、加工制造到运输至销售等整个生命周期中的碳排放。

（2）一次性用品

使用一次性塑料制品和一次性餐具的数量，以及它们的生产和处理过程，都需要消耗能源并产生温室气体。例如，每生产1个塑料袋，大约会排放 $0.1\ gCO_2eq$ 的温室气体。

5. 居住环境

（1）住房面积

较大的住房面积往往意味着需要消耗更多的能源用于供暖、制冷和照明等，因此会产生更高的碳排放。

（2）房屋类型

不同的房屋建筑结构和保温性能对能源消耗有着不同的影响。具体而言，与普通建筑相比，节能建筑在相同的供暖或制冷需求下，能耗更低，因此碳排放也更少。

（3）小区配套设施

小区内的公共设施，如电梯、路灯等，所消耗的能源同样会分摊到每个住户身上，从而对个人的碳排放产生影响。

6. 工作与学习

（1）通勤距离与方式

上下班或上下学不同通勤距离与方式的碳排放计算方式，与交通出行的碳排放计算方式相似。但在进行碳排放计算时，我们需要注意工作日与非工作日之间的差异。

（2）办公或学习用品

纸张、电脑、打印机等办公用品的使用，以及学校实验室、工厂车间等特殊场所的能源消耗和物料排放，都是影响碳排放的重要因素。

7. 娱乐活动

（1）旅游出行

旅游过程中的交通、住宿、餐饮等各项活动都会产生碳排放。例如，自驾游、乘坐旅游大巴所产生的交通碳排放，以及入住酒店时的住宿碳排放等，都需要进行计算。

（2）休闲娱乐消费

观看电影、参加演唱会、去健身房锻炼等休闲娱乐活动所产生的能源消耗，以及相关商品消费所引发的碳排放，都值得我们关注。例如，电影院的灯光和音响设备用电会产生碳排放，而观众在购买饮料、零食等商品时，这些商品的生产和运输过程同样会产生碳排放。

（二）个人日常活动碳排放研究数据

1. 城市交通出行碳排放

交通运输的碳足迹通常以每人每行驶 1 km 所排放的 CO_2 当量来衡量，这一指标涵盖了 CO_2 以及其他温室气体的排放量。以下是对不同交通工具的碳成本进行的比较，具体以每名乘客每千米的 CO_2 排放当量来表示，城市交通出行 CO_2 排放当量数据见表 5 - 1。

表 5 - 1　城市交通出行每名乘客每千米 CO_2 排放当量

单位：千克／（乘客·千米）

交通类型	CO_2 排放当量	交通类型	CO_2 排放当量
一般汽油轻型车	0.244	电动列车	0.029
高性能电动车	0.209	有轨电车	0.02
汽油车（双人）	0.122	汽油公交车	0.0180
摩托车	0.120	纯电公交车	0.004

注：表中数据出自澳大利亚 Institute for Sensible Transport 2018 年对墨尔本市的实际测算数据。

2. 衣食住行用碳排放

碳排放与我们息息相关，我们的衣食住行用等日常生活方方面面都与碳排放紧密相连，生活中的每一个细节都可能直接影响碳排放量，衣食住行用日常消费碳排放数据见表 5 - 2。

表 5 - 2　衣食住行用碳排放系数表

分类	品名	数量	碳排放量/$kgCO_2eq$	分类	品名	数量	碳排放量/$kgCO_2eq$
食	白酒	1 kg	21 ~ 38.5	衣	聚酯纤维	1 kg	5.5 ~ 7.0
	啤酒	1 L	4.1 ~ 7.3		皮革	1 kg	15 ~ 20
	羊肉	1 kg	14.3 ~ 25.8		棉料	1 kg	1.4 ~ 3.0
	牛肉	1 kg	18.7 ~ 29.5		塑料拖鞋	1 kg	6.0 ~ 8.0
	猪肉	1 kg	7 ~ 12	住	电	1 kW·h	0.6 ~ 0.9
	鸡肉	1 kg	4.5 ~ 6.0		天然气	1 m³	2.0 ~ 2.5
	鸡蛋	1 kg	4.5 ~ 6.0		水	1 m³	0.5 ~ 0.87
	大米	1 kg	1.2 ~ 1.9		标准煤	1 kg	2.6 ~ 2.8
	面粉	1 kg	1.2 ~ 1.9	行	汽油	1 L	2.3 ~ 2.4
	土豆	1 kg	0.49 ~ 0.65		柴油	1 L	3.0 ~ 3.2
	花生	1 kg	3.1 ~ 3.8	用	纸制品	1 kg	3.0 ~ 4.0
	玉米	1 kg	1.7 ~ 2.2		塑料袋	1 kg	6.0 ~ 8.0
	豆腐	1 kg	2.3 ~ 3.5		一次性筷子	1 双	0.005
	牛奶	1 L	1.5 ~ 2.0		洗发水	1 L	5 ~ 7
	酸奶	1 L	1.8 ~ 2.6		厨余垃圾（焚烧）	1 kg	1.2 ~ 2.5

注：表中数据主要根据各类产品生产、加工、运输等环节产生的 CO_2 统计所得。

　　"衣"的方面，过度购买和追求时尚趋势导致大量纺织废弃物的产生，其生产、运输和处理过程均伴随着碳排放。"食"的方面，肉类和乳制品的生产是温室气体排放的主要来源之一，相比之下，植物性食品的碳足迹较小。"住"的方面，建筑的能源消耗（如供暖、制冷和照明）以及建材的生产都显著增加了碳排放，因此绿色建筑和节能技术至关重要。"行"的方面，私家车的使用是导致城市碳排放增加的主要因素，公共交通、骑行和步行等低碳出行方式有助于降低这一影响。"用"的方面，减少能源与资源浪费、推动循环利用和绿色消费模式是降低碳排放的关键。

　　为了减少个人在衣食住行用中的碳排放，我们应倡导简约生活、选择环保食材、居住节能住宅和鼓励低碳出行，共同为减缓气候变化作出贡献。

　　3. 个人碳足迹计算案例

　　某青年小张，是一位在一线城市工作的年轻白领，独居在市区一套 60 平方米的公寓内，日常出行主要依靠地铁和共享单车，偶尔打车。综合考虑衣食住行用等方面，他某一天的碳足迹计算如下：

（1）衣

早上出门，小张穿了一件棉质衬衫（重 0.3 kg）、一条棉质长裤（重 0.4 kg）、一双皮鞋（重 0.5 kg，材质为皮革与合成材料混合）、一双棉质袜子（重 0.1 kg）。晚上回家后，小张换上了一套休闲装，即一件聚酯纤维短袖 T 恤（重 0.2 kg）、一条运动短裤（重 0.3 kg，材质为聚酯纤维与氨纶混合）和一双塑料拖鞋（重 0.2 kg）。

小张在"衣"方面产生的碳排放计算如下：

①棉花材质衣物产生的碳排放：生产 1 kg 棉花产生 1.4 ~ 3.0 $kgCO_2eq$ 的碳排放，取中间值 2.2 $kgCO_2eq$ 计算，衬衫、长裤和袜子的棉花用料共 0.8 kg，碳排放为 $0.8 \times 2.2 = 1.76$ $kgCO_2eq$。

②聚酯纤维材质衣物产生的碳排放：生产 1 kg 聚酯纤维产生 5.5 ~ 7.0 $kgCO_2eq$ 的碳排放，取中间值 6.25 $kgCO_2eq$ 计算，T 恤和短裤的聚酯纤维用料共 0.5 kg，碳排放为 $0.5 \times 6.25 = 3.125$ $kgCO_2eq$。

③皮革制品产生的碳排放：皮鞋生产过程较复杂，包括皮革鞣制、鞋底合成材料加工等，产生 1 kg 皮鞋产生 15 ~ 20 $kgCO_2eq$ 的碳排放，取中间值 17.5 $kgCO_2eq$ 计算，0.5 kg 皮鞋碳排放为 $0.5 \times 17.5 = 8.75$ $kgCO_2eq$。

④塑料制品产生的碳排放：生产 1 kg 塑料拖鞋产生 6 ~ 8 $kgCO_2eq$ 的碳排放，取中间值 7 $kgCO_2eq$ 计算，0.2 kg 拖鞋碳排放为 $0.2 \times 7 = 1.4$ $kgCO_2eq$。

假设小张的衣物平均使用寿命为 100 天，则当天衣物总碳排放：

$$\frac{1.76 + 3.125 + 8.75 + 1.4}{100} \approx 0.15 \ kgCO_2eq。$$

（2）食

早上，小张在楼下包子铺买了两个大肉包（每个猪肉用量 50 g、面粉用量 50 g）和一杯豆浆（250 mL）作为早餐。中午，小张在公司附近餐厅点了一份宫保鸡丁盖饭（米饭 200 g、鸡肉 100 g、蔬菜 100 g、花生米 20 g），同时餐厅免费赠送小张一杯冰红茶（500 mL）。晚上，小张自己在家煮了一碗面条（面条 150 g），加了一个鸡蛋（60 g）和一份青菜（100 g）。睡前，小张喝了一盒牛奶（250 mL）。

小张在"食"方面产生的碳排放计算如下：

①早餐产生的碳排放：

包子：肉包的馅料主要是猪肉，生产 1 kg 猪肉产生 7 ~ 12 kgCO$_2$eq 的碳排放，取中间值 9.5 kgCO$_2$eq 计算，则两个肉包使用猪肉的碳排放为 0.1 × 9.5 = 0.95 kgCO$_2$eq；生产 1 kg 面粉产生 1.2 ~ 1.9 kgCO$_2$eq 的碳排放，取中间值 1.55 kgCO$_2$eq 计算，则两个肉包使用面粉的碳排放为 0.1 × 1.55 = 0.155 kgCO$_2$eq。包子的碳排放为 0.95 + 0.155 = 1.105 kgCO$_2$eq。

豆浆：若豆浆是自制的，生产 1 L 豆浆约产生 0.8 ~ 1.3 kgCO$_2$eq 的碳排放，取中间值 1.05 kgCO$_2$eq 计算，则 250 mL 豆浆碳排放为 0.25 × 1.05 = 0.262 5 kgCO$_2$eq；若豆浆是外购的，考虑运输、包装等因素，碳排放会稍有增加，因此，将250 mL豆浆碳排放调整至 0.35 kgCO$_2$eq。

因此，小张的早餐总碳排放为 1.105 + 0.35 = 1.455 kgCO$_2$eq。

②中餐产生的碳排放：

生产 1 kg 大米产生 1.2 ~ 1.9 kgCO$_2$eq 的碳排放，取中间值 1.55 kgCO$_2$eq 计算，200 g 米饭碳排放为 0.2 × 1.55 = 0.31 kgCO$_2$eq；鸡肉碳排放为 0.1 × 5 = 0.5 kgCO$_2$eq（以生产 1 kg 鸡肉产生 5 kgCO$_2$eq 的碳排放计算）；蔬菜碳排放为 0.1 × 0.2 = 0.2 kgCO$_2$eq（以生产 1 kg 蔬菜产生 0.2 kgCO$_2$eq 的碳排放计算）；20 g 花生米碳排放为 0.02 × 3.45 = 0.069 kgCO$_2$eq（以生产 1 kg 花生米产生 3.45 kgCO$_2$eq 的碳排放计算）；冰红茶生产、运输、包装综合碳排放约为 0.4 kgCO$_2$eq。因此，小张的中餐总碳排放为 0.31 + 0.5 + 0.2 + 0.069 + 0.4 = 1.479 kgCO$_2$eq。

③晚餐产生的碳排放：

生产 1 kg 面条产生 1.2 ~ 1.9 kgCO$_2$eq 的碳排放，取中间值 1.55 kgCO$_2$eq 计算，150 g 面条碳排放为 0.15 × 1.55 = 0.232 5 kgCO$_2$eq；生产 1 kg 鸡蛋产生 4.5 ~ 6.0 kgCO$_2$eq 的碳排放，取中间值 5.25 kgCO$_2$eq 计算，60 g 鸡蛋碳排放为 0.06 × 5.25 = 0.315 kgCO$_2$eq；青菜碳排放为 0.1 × 0.2 = 0.02 kgCO$_2$eq；生产 1 L 牛奶产生 1.5 ~ 2.0 kgCO$_2$eq 的碳排放，取中间值 1.75 kgCO$_2$eq 计算，250 mL 牛奶碳排放为 0.25 × 1.75 = 0.437 5 kgCO$_2$eq。因此，小张的晚餐总碳排放为 0.232 5 + 0.315 + 0.02 + 0.437 5 = 1.005 kgCO$_2$eq。

小张一天饮食产生总碳排放为：1.455 + 1.479 + 1.005 = 3.939 kgCO$_2$eq。

（3）住

小张居住的公寓面积60 m^2，当天用电 8 kW · h（主要用于照明、电器使用等），用天然气 2 m³（用于烧水、做饭）。

小张在"住"方面产生的碳排放计算如下：

每千瓦时电产生 0.6 ~ 0.9 kgCO₂eq 的碳排放，取中间值 0.75 kgCO₂eq 计算，8 kW·h 电的碳排放为 8×0.75 = 6 kgCO₂eq。

每立方米天然气燃烧产生 2.0 ~ 2.5 kgCO₂eq 的碳排放，取中间值 2.25 kgCO₂eq 计算，2 m³ 天然气碳排放为 2×2.25 = 4.5 kgCO₂eq。

小张一天居住产生的总碳排放为：6 + 4.5 = 10.5 kgCO₂eq。

（4）行

早上，小张乘坐地铁上班，路程 5 km；下班后和同事一起打车去商场，路程 3 km；从商场骑共享单车回家，路程 2 km。

小张在"行"方面产生的碳排放计算如下：

①地铁每千米每名乘客产生 0.02 kgCO₂eq 的碳排放（按有轨电车计），5 km 地铁碳排放为 5×0.02 = 0.1 kgCO₂eq。

②出租车每千米每名乘客产生 0.122 kgCO₂eq 的碳排放（按汽油车承载 2 人计），3 km 出租车碳排放为 3×0.122 = 0.366 kgCO₂eq。

③共享单车骑行可近似认为碳排放为 0。

小张一天出行产生的总碳排放为：0.1 + 0.366 + 0 = 0.466 kgCO₂eq。

（5）用

小张当天使用了洗发水 20 mL（1 L 产生 5 ~ 7 kgCO₂eq 的碳排放，取中间值 6 kgCO₂eq 计算）、卫生纸 50 g（生产 1 kg 卫生纸产生 3 ~ 4 kgCO₂eq 的碳排放，取中间值 3.5 kgCO₂eq 计算）、塑料垃圾袋 20 g（生产 1 kg 塑料垃圾袋产生 6 ~ 8 kgCO₂eq 的碳排放，取中间值 7 kgCO₂eq 计算）。

小张在"用"方面产生的碳排放计算如下：

① 20 mL 洗发水碳排放为 0.02×6 = 0.12 kgCO₂eq。

② 50 g 卫生纸碳排放为 0.05×3.5 = 0.175 kgCO₂eq。

③ 20 g 塑料垃圾袋碳排放为 0.02×7 = 0.14 kgCO₂eq。

因此，小张一天日用品产生的总碳排放为：0.12 + 0.175 + 0.14 = 0.435 kgCO₂eq。

（6）汇总

小张这一天在衣、食、住、行、用方面的总碳足迹为：0.15 + 3.939 + 10.5 + 0.466 + 0.435 = 15.49 kgCO₂eq。

（三）个人碳排放登记

1. 碳普惠制

碳普惠是一种探索市场化机制推动居民生活减排的方式，它以积分的形式核证减碳量，这些减碳量可用于交易、兑换商业优惠或获取政策指标。碳普惠制通过减碳量来体现居民的低碳权益，对资源占用少或对低碳城市建设作出贡献的居民给予价值激励，旨在利用市场配置推动社会各阶层积极参与节能减排，共同构建低碳社会。

早在 2017 年，广东省发展改革委就发布了《广东省发展改革委关于碳普惠制核证减排量管理的暂行办法》，正式将碳普惠行为所产生的核证自愿减排量（PHCER）纳入碳排放权交易市场的补充机制。在广州、东莞、中山、惠州、河源、韶关六个纳入碳普惠制试点的地区，相关企业或个人通过自愿参与的节水、节电、公交出行等低碳行为产生的减排量，将被允许进入广东省碳排放权交易市场进行交易。此外，居民社区、公共交通等领域的节能减排行为，也都可以换算为减排量。

自 2020 年我国公布双碳目标以来，越来越多的省份和城市开始推出自己的碳普惠平台或建立联盟。例如，2021 年 9 月 15 日，重庆市印发了《重庆市"碳惠通"生态产品价值实现平台管理办法（试行）》，允许国内外机构、企业、团体和个人参与平台活动，并在运营平台申请开设登记簿账户，用碳积分兑换商品或服务。同年 11 月 12 日，深圳市印发了《深圳碳普惠体系建设工作方案》，借助互联网科技探索个人碳账户与碳交易的打通，率先通过"低碳星球"小程序试点开通和运营个人碳账户。

甘肃省平凉市、上海市等地也相继出台了碳普惠制实施方案或建设工作方案。平凉市通过搭建统一的碳普惠平台，制定标准量化方法，对多场景的低碳行为进行量化，并将小微企业和公众个人的低碳行为换算成碳积分，这些积分可以在商业联盟兑换成碳普惠商品或服务。上海市则计划建立区域性个人碳账户，引导碳普惠减排量进入碳排放权交易市场，并鼓励通过购买和使用碳普惠减排量实现碳中和。

此外，广东省生态环境厅还印发了《广东省碳普惠交易管理办法》，提出自然人、法人或非法人组织开发的碳普惠方法学可以向各地级以上市生态环境部门进行申报，并作为补充抵消机制进入广东省碳排放权交易市场。山东省也在《山东省"十四五"应对气候变化规划》中明确提出，将积极探索开展碳普惠制建设工作，并在济南、青岛等地市率先启动试点。

在 2022 年 4 月 22 日第 53 个世界地球日，广州碳排放权交易中心联合其他八家国家级碳排放权交易平台共同启动了"碳普惠共同机制"，并发布了《碳普惠共同机制宣言》。这一机制是面向公民家庭和个人低碳生活和消费领域的自愿减排机制，是践行我国绿色发展理念、支持实现碳达峰碳中和目标的重要机制创新。

在碳普惠制下，每个人、每个家庭、每个林户、每个企业的点滴行动产生的碳汇和减排量，经过科学的核算和认证后，都可以在碳市场中获得价值。这不仅激励了全社会共同减少碳排放，还实现了"低碳权益、人人共享"的目标。目前，全国多个省市已经开展了不同形式的碳普惠创新实践。

2. 个人碳账户

近年来，为了便于广大民众记录"衣、食、住、行、用"等个人活动的碳减排情况，如绿色出行、绿色餐饮、绿色快递、绿色出游、绿色观影等，各地政府不断推出手机应用 App、微信或支付宝小程序等数字化工具，以形成个人碳账户，深入推进个人碳减排工作的开展。

早在 2016 年 8 月，蚂蚁金服就在其支付宝平台上上线了个人碳账户——蚂蚁森林。用户通过步行替代开车、在线缴纳水电煤费用、网络购票等低碳行为所节省的碳排放量，将被计算为虚拟的"绿色能量"。"绿色能量"可以用于种植虚拟树。当虚拟树长成后，蚂蚁金服和公益合作伙伴就会在地球上种下一棵真树，以此培养和激励用户的低碳环保行为。

此后，各地纷纷推出类似的碳普惠平台。2019 年 11 月，北京市发布了 MaaS 平台，以碳普惠方式鼓励市民全方式参与绿色出行；2021 年 5 月，四川省成都市正式上线了"碳惠天府"绿色公益平台；同年 12 月，广东省深圳市发布了首个碳普惠运营平台——"低碳星球"小程序。此外，还有天津市的"津碳行"、湖北省武汉市的"碳碳星球"、云南省昆明市的"昆明低碳积分"等微信小程序，这些平台各具特色，为民众提供了多样化的碳减排记录方式。

其中，一些平台主打碳排放计算功能，如浙江省的"浙 Q 碳"和北京市的"我要碳中和"，用户可以通过输入自己日常的衣食住行用情况，换算出碳排放量。而天津的"津碳行"和北京的 MaaS 平台则更加专注于鼓励绿色出行。

2022年3月10日，中信银行宣布面向个人用户推出的"中信碳账户"内测版上线。这是中信银行在深圳市生态环境局、深圳银保监局的指导下，与深圳排放权交易所、上海环境能源交易所开展合作交流，并联合国内专业机构中汇信碳资产管理有限公司共同研发的结果。中信银行公开邀请了千名用户参与测试体验，这也是国内首个由银行主导推出的个人碳账户。

2022年3月29日，由浙江省发展改革委牵头开发建设的"浙江碳普惠"应用正式上线。作为全国首个省级碳普惠应用，"浙江碳普惠"是浙江省双碳数智平台中的重大应用之一，旨在助推形成人人参与碳普惠的低碳生活新风尚，助力全省碳达峰碳中和目标的实现。用户可以在支付宝里直接加载该应用，记录个人的各类低碳行为，并将其转换成碳积分，这些碳积分可以兑换实物商品、获取优惠服务或对应的服务权益。

二、产品碳足迹认证

（一）产品碳足迹认证过程

产品碳足迹评价涵盖了商品和服务两大领域。在计算产品碳足迹时，主要依据的标准有国际标准 ISO 14067 和 PAS 2050，以及国内标准《温室气体 产品碳足迹 量化要求和指南》（GB/T 24067—2024）。这些评价标准基本上采用 LCA 作为方法论。它们评价的是产品全生命周期的碳足迹，不局限于产品的某个特定阶段，而是要追溯到原料开采、生产制造，直至最终废弃处理的所有阶段，这些阶段均需纳入碳足迹的计算范围之内。

1. **建立生命周期流程图**

我们可以根据产品生命周期所涵盖阶段的不同，分析物质流、能源流和废料流，以确定对所选产品生命周期产生影响的材料、活动及过程，并在此基础上，建立相应的流程图。这一过程中，首要任务是明确所选产品对象是属于 B2C（Business–to–Consumer，企业对消费者）模式，还是 B2B（Business–to–Business，企业对企业）模式。

（1）B2C 模式

B2C 模式的评价内容应涵盖从原材料采购、过程制造、分销和零售，到消费者使用，以及最终的处理或/和再生利用等全生命周期的温室气体排放。

（2）B2B 模式

B2B 模式的评价内容则包括从原材料采购开始，通过生产过程，直到产品到达一个新的组织（即下一个买家或合作伙伴），其中包括产品的分销和运输到客户所在地的所有环节。

2. 确定边界和优先事项

根据 ISO 14025 所指定的某个相关产品类别规则，我们需要确保评价的系统边界与该规则中规定的系统边界保持一致。如果 ISO 14025 的相关规定不适用于评价对象产品，则依据标准原则来界定系统边界。

3. 数据收集

数据收集指收集生命周期各个阶段中的活动数据和排放因子。这些阶段包括但不限于原材料的获取、生产过程、包装、运输、使用、维护以及最终的处置或回收等。

4. 计算碳足迹

在计算过程中，我们应主要依据碳足迹计算方程，并严格遵循质量守恒原则，确保所有输入、输出及废弃物均已被全面、准确地计入，无任何遗漏。

5. 检验不确定度

不确定性检验并非必要事项，组织可以自行决定是否进行评价。然而，执行不确定性检验可以提高计算结果的准确度，并帮助了解所收集数据的质量。目前，有关产品碳足迹评价的温室气体议定书正在制定两个新的准则，并已出台了产品生命周期核算和报告准则、范围 3 核算和报告准则两项草案。

碳足迹评价机制的建立，不仅有助于减少温室气体排放，还能促进社会、国家和全球的可持续发展。这一机制使企业能够满足消费者的绿色消费期望和政府的相关要求，同时提供了巨大的商机。通过提高生产效率、减少资源消耗和浪费，碳足迹评价促进了创新科技的发展，并有助于创造新的商业机会。这一机制对推动有社会责任的企业实现快速和持续的发展具有重要意义。

（二）某纺织有限公司产品碳足迹报告实践

1. 目标与范围定义

（1）企业及其产品介绍

某纺织有限公司成立于 2006 年，是一家专注于生产经营各种高档纺织品用纱的现代化大型民营纺织企业。公司的产业链涵盖了针织、染整、服装和家纺产业，总占地面积达 30 多万平方米，注册资本金为 4.3 亿元。截至 2023 年年底，公司实现产值 32 亿元，总资产超过 48 亿元，并具备 70 万锭环锭纺与紧密赛络纺相结合的纺纱生产能力。

（2）研究目的

本报告旨在计算某纺织有限公司在"一吨原材料"生命周期过程中的碳足迹。本报告结果将有助于公司全面了解其温室气体排放的途径及排放量，进而发掘减排潜力，有效与消费者沟通，提升企业形象并强化品牌声誉，从而有效地减少温室气体排放。同时，本报告还将为产品采购商和第三方机构提供可靠的数据基础，促进有效沟通。

（3）碳足迹范围描述

本报告核查的温室气体种类涵盖了政府间气候变化专门委员会第五次评估报告（2013 年）中所列举的温室气体，包括但不限于 CO_2、CH_4、N_2O、O_3、氢氟氯碳化物（如 CFCs、HFCs、HCFCs）、全氟碳化物（PFCs）以及 SF_6 等。在计算产品生产周期的全球变暖潜势（GWP）时，本报告采用政府间气候变化专门委员会第五次评估报告提出的方法。

为了简化计算，本报告将碳足迹定义为消耗一万吨原材料所产生的碳排放量。核查周期设定为一个自然年。

在本次产品碳足迹核查过程中，核查组根据企业的实际情况，采用了 PAS 2050 作为评估标准。盘查边界分为 B2B 和 B2C 两种模式。本次盘查的系统边界属于"从摇篮到大门"的范畴，即涵盖了产品从原材料获取到出厂前的所有过程（如图 5-2 所示，其中虚线边框内的过程不在温室气体排放计算范围内）。

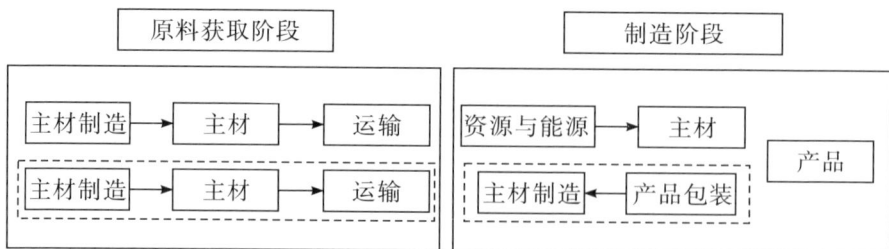

图 5-2　产品生产制造的系统边界

本报告在温室气体排放计算中排除了以下情况：①与人员活动相关的温室气体排放量不计入内；②工厂、仓库、办公室等产生的排放量，由于受到地域、工厂布局等多方面复杂因素的影响，也未计入内。

此外，图 5 - 2 详细展示了包含和未包含在系统边界内的生产过程。

2. 数据收集

根据 PAS 2050：2011 的要求，核查组组建了碳足迹盘查工作组，负责对企业消耗一万吨原材料的碳足迹进行盘查。工作组首先进行了前期准备工作，包括了解产品基本情况、生产工艺流程、原材料供应商等信息，并调研和收集了部分原始数据，如企业的生产报表、财务数据等，以确保数据的完整性和准确性。随后，工作组确定了工作方案和范围，并通过查阅文件、现场访问和电话沟通等方式，完成了本次温室气体排放盘查工作。

在数据收集过程中，工作组遵循了以下原则：

（1）初级活动水平数据

根据 PAS 2050：2011 的要求，初级活动水平数据应用于所有由产生碳足迹的组织所拥有、经营或控制的过程和材料。本报告中的初级活动水平数据涵盖了产品生命周期系统中所有能源与物料的耗用，包括物料输入与输出、能源消耗等。这些数据是从企业或其供应商处收集和测量获得的，真实反映了整个生产过程中的能源和物料输入，以及产品、中间产品和废物的输出。

（2）次级活动水平数据

当无法获得初级活动水平数据或初级活动水平数据质量存在问题（例如缺乏相应的测量仪表）时，根据 PAS 2050：2011 的要求，应使用其他来源的次级活动水平数据。本报告中的次级活动水平数据主要源于数据库和文献资料。

产品碳足迹计算所采用的数据类别与来源如表 5 - 3 所示。

表 5 - 3　碳足迹盘查数据类别与来源

数据类别			活动数据来源
初级活动	输入	主料消耗量	企业生产报表
	能源	电	企业生产报表
		柴油	企业生产报表
次级活动	运输	主料运输距离	根据企业地址估算
	排放因子	主料制造	数据库及文献资料
		主料运输	

3. 碳足迹计算

产品碳足迹的公式是整个产品生命周期中所有活动的所有材料、能源和废物乘以其排放因子后再加和。其计算公式如下：

$$CF = \sum_{i=1, j=1}^{n} P_i \cdot Q_{ij} \cdot GWP_j \qquad (5-1)$$

其中，CF 为碳足迹，P 为活动水平数据，Q 为排放因子，GWP 为全球变暖潜势。排放因子源于 CLCD 数据库和相关文献，部分物料由于数据库中暂无排放因子，其排放因子取值均来自相近物料排放因子。表 5-4 为该企业产品能源水平数据。

表 5-4　企业产品能源水平数据

能源	活动水平数据
电力/（kW·h）	226 875 400
柴油/t	389

4. 消耗原材料过程碳足迹指标

该企业消耗一万吨原料的全生命周期的碳足迹贡献如表 5-5 所示。

表 5-5　企业消耗一万吨原料的全生命周期的碳足迹贡献

项目	电力消耗	汽车运输（汽油）	柴油消耗
碳足迹（$kgCO_2eq$）	31 630.14	260.53	14.3

5. 结论与建议

消耗一吨原材料的碳足迹为 31 904.97 $kgCO_2eq$，其中生产过程电力消耗占比最大，约占 99.14%，其次是运输过程中的消耗，约占 0.8%。为增强品牌竞争力、减少产品碳足迹，建议如下：

（1）在原材料价位差别不大的情况下，尽量选取原材料碳足迹小的供应商。

（2）使用可再生能源代替不可再生能源，减少能源的浪费，同时减少 CO_2 的排放。

三、企业（单位）CO_2 气体排放核算和报告

企业（单位）CO_2 气体排放的核算和报告，是应对气候变化、达成碳减排目标的关键步骤。准确地核算有助于企业全面了解自身的碳排放状况，为制定科学合理的减排策略提供坚实的数据支撑。同时，规范的报告不仅能够满足政府的监管要求，还能够向利益相关者（如投资者、消费者等）清晰展示企业在应对气候变化方面所承担的责任与担当。

（一）核算范围

直接排放：指企业自身在生产经营活动中直接产生的 CO_2 排放。这些排放主要源于燃料燃烧、工业过程等。

间接排放：指企业因使用外购的电力、热力等能源而间接产生的 CO_2 排放。这些排放并非由企业直接产生，而是由能源供应方在生产这些能源时产生的。

（二）核算方法

1. 排放因子法

首先，确定不同排放源的活动数据，这包括但不限于燃料消耗量、用电量等关键指标。

其次，查找与这些活动数据相对应的排放因子。排放因子可以通过多种途径获得，包括国家公布的标准值、行业内的平均值，或者通过实测数据来获取。

最后，根据排放量计算公式：排放量＝活动数据×排放因子，来计算具体的 CO_2 排放量。

2. 质量平衡法

对于某些特定的工业过程，我们可以利用物料平衡原理来计算 CO_2 的排放量。

在这一过程中，我们首先需要确定输入物料和输出物料中的含碳量，以及化学反应过程中碳的转化系数。然后，根据质量平衡原理，排放量可以通过以下公式计算得出：排放量＝输入物料含碳量总和－输出物料（包括产品和副

产品）含碳量总和。注意，这里的计算应考虑到所有相关的物料流和化学反应。

（三）核算步骤

1. 确定核算边界

（1）组织边界

企业需明确纳入核算范围的设施和活动。这通常依据财务控制权法或运营控制权法来确定。以大型集团企业为例，若采用财务控制权法，则母公司拥有财务控制权的所有下属子公司设施产生的碳排放均应纳入核算范畴；若采用运营控制权法，则根据实际运营管理的设施范围来确定核算边界。

（2）排放源边界

在排放源边界的确定中，首先，我们要识别直接排放源。这些排放源主要包括燃烧化石燃料（如煤炭、石油、天然气等）的锅炉、窑炉等，它们通过化学反应（如煤炭燃烧的 $C + O_2 \xlongequal{} CO_2$）产生 CO_2 排放。CO_2 直接排放量的确定需考虑煤炭等燃料的消费量和含碳量等因素。

此外，我们还需考虑间接排放源，这主要包括企业外购电力和热力所产生的排放。例如，企业从电网购买的电力，在发电过程中会产生 CO_2 排放。这些间接排放量的核算需基于企业的耗电量和电网的排放因子（即每千瓦时电力对应的 CO_2 排放量）。

2. 收集活动水平数据

（1）能源消耗数据

对于直接燃烧的化石燃料，需详细记录其购买量、库存变化量等信息。例如，企业应每月记录汽油的购买情况，并通过加油记录和库存盘点来确保数据的准确性。此外，在计算 CO_2 排放量时，我们还需考虑燃料的低位发热量，因为不同品质的燃料的低位发热量各异，这将直接影响排放量的计算结果。

对于外购的电力和热力，企业需获取用电度数、用热量（如吉焦数）等相关数据。这些数据通常可以通过企业的能源计量仪表直接读取，或向能源供应商索取。

（2）生产过程数据

若企业的生产过程涉及化学反应并产生 CO_2（如化工企业），则需收集原料投入量、产品产量、转化率等一系列关键数据。以水泥生产为例，碳酸钙在

分解过程中会产生 CO_2，因此，企业需通过水泥产量和碳酸钙在原料中的占比等数据来精确核算这部分的 CO_2 排放量。

3. 选择排放因子

（1）直接排放因子

对于燃烧化石燃料所产生的直接排放，其排放因子主要取决于燃料的种类和成分。以天然气为例，其 CO_2 排放因子大致为每立方米天然气产生 2.16 $kgCO_2eq$（请注意，该数值可能因天然气成分差异等因素而略有波动）。企业在确定这些排放因子时，可参考政府部门发布的官方数据或权威机构的研究成果。

（2）间接排放因子

对于外购电力所产生的间接排放，其排放因子则因地区电网的能源结构而异。在以煤炭发电为主导的地区，电网排放因子往往较高；而在清洁能源占比较高的地区，电网排放因子则相对较低。企业应根据自身所在地区的电网实际情况，选择合适的排放因子来计算外购电力所产生的 CO_2 排放量。这些排放因子通常由电力行业协会或政府部门定期发布和更新。

4. 计算排放量

（1）直接排放量计算

化石燃料燃烧产生的 CO_2 排放量，依据式（5－2）进行计算。

$$E = \sum_{i=1}^{I} A_i F_i \qquad (5-2)$$

式中，E 是化石燃料燃烧的 CO_2 排放量，单位为 tCO_2；A_i 是活动水平数据，是第 i 种化石燃料的燃烧数量，单位为 TJ（万亿焦耳）；F_i 是第 i 种燃料的排放因子，单位为 tCO_2/TJ；i 是燃料类型；I 是化石燃料类型数量。

（2）间接排放量计算

外购电力产生的 CO_2 间接排放量，依据式（5－3）进行计算。

$$E_d = D \times f_g \qquad (5-3)$$

式中，E_d 是间接产生的 CO_2 排放量，单位为 tCO_2；D 是企业的电力消耗量，单位为 $MW \cdot h$；f_g 是电力消耗间接排放系数，单位为 $tCO_2/（MW \cdot h）$。

（四）报告内容和要求

1. 企业基本信息

企业基本信息包括企业名称、组织机构代码、地址、行业类别、主要产品等。报告年度的生产经营情况包括产量、产值等。

2. 碳排放核算范围和方法

详细说明组织边界和排放源边界的确定方法至关重要。在组织边界的确定上，企业若采用的是财务控制权法，则应明确列出由此法所界定的具体设施，这些设施均应纳入核算范围。对于排放源边界，企业则需细致说明所识别的直接排放源和间接排放源的类型及其所在位置。

3. 排放量核算过程

活动水平数据的收集方法和来源需明确呈现。具体而言，能源消耗数据可以通过企业内部能源管理系统直接获取，也可以与能源供应商核对，以确保数据的准确性。同时，排放因子的选择依据也需明确说明。这些依据可能包括引用的国家或国际标准、权威机构的研究成果，或是根据企业实际情况进行的实测数据。

4. 不确定性分析

在核算和报告过程中，企业会不可避免地遇到一些不确定性因素。例如，活动水平数据可能因计量误差、数据记录不完整或时间滞后等原因而存在不确定性。同样，排放因子也可能因燃料成分的波动、生产过程的差异以及地区特性等因素而产生不确定性。为了确保核算结果的准确性和可靠性，企业需要对这些不确定性因素进行深入分析，并评估它们对最终排放量结果的具体影响程度。

思考题

1. 简述碳足迹的概念。

2. 碳足迹的分类有哪些？

3. 什么是碳足迹认证？

4. 简述碳足迹认证的意义。

5. 什么是产品碳足迹？

6. 简述产品碳足迹认证对企业的价值。

7. 什么是温室气体核算体系？简述其主要构成。

8. CO_2 气体排放核算方法有哪些？列出对应的排放量计算公式。

9. 企业（单位）CO_2 气体排放核算的报告应包括哪些内容？

10. 企业（单位）CO_2 气体排放核算过程包括哪些步骤？

11. 产品碳足迹认证过程包括哪些步骤？

12. 简述产品碳足迹的计算方法。

13. 目前广泛使用的碳足迹评估标准有哪些？

14. 交通运输的碳足迹如何衡量？

15. 在日常生活中，我们应该如何做到碳减排？

16. 什么是碳普惠？

17. 如何衡量个人碳排放记录？

参考文献

［1］温室气体—产品碳足迹—量化要求及指南：ISO 14067：2018 ［S］. 国际标准化组织，2018.

［2］英国碳信托，英国环境，食品和乡村事务部. 商品和服务在生命周期内的温室气体排放评价规范：PAS 2050：2008 ［S］. 英国标准协会，2008.

［3］中华人民共和国生态环境部. 温室气体　产品碳足迹　量化要求和指南：GB/T 24067—2024 ［S］. 北京：中国标准出版社，2024.

［4］陈钱宝，梅晓君，孙雄. 基于无碱液体速凝剂碳足迹全生命周期的碳排放计算分析 ［J］. 环境影响评价，2023，45 （4）：98 – 101.

［5］陈荣圻. 气候变暖背景下的低碳可持续发展及碳足迹计算 ［J］. 印染助剂，2022，39 （2）：1 – 8，36.

［6］冯志亮. 废旧轮胎全生命周期碳足迹计算 ［D］. 天津：河北工业大学，2020.

［7］李斌，刘斌，陈爱强，等. 基于冷链模式的某果蔬碳足迹计算 ［J］. 制冷学报，2021，42 （2）：158 – 166.

［8］李水生，肖初华，杨建宇，等. 建筑施工阶段碳足迹计算与分析研究

［J］．环境科学与管理，2020，45（3）：41-45.

［9］潘远山，龚健，张坤，等．基于全生命周期评价法的预拌混凝土碳足迹计算分析及碳减排研究［J］．新型建筑材料，2024，51（4）：145-149.

［10］任姝珩，张媛，朱磊，等．循环包装箱全生命周期碳足迹计算方法研究［J］．包装工程，2023，44（13）：245-252.

［11］谭鑫，李昊儒，王子健，等．2015—2020年不同省份小麦生命周期碳足迹变化分析［J］．中国农业气象，2024，45（8）：809-821.

［12］王俊博，李鑫，田继军，等．煤炭开发利用产业碳足迹计算方法及减排措施综述［J］．煤炭学报，2023，48（A1）：263-274.

［13］王子健，李佳涵，车景华，等．石化行业碳足迹计算方法及优化分析［J］．石油石化绿色低碳，2022，7（2）：22-28.

［14］邢洁，孙赫奕，张雪梅，等．基于碳足迹的黑龙江省典型旅游区生态效率研究——以伊春市为例［J］．环境科学与管理，2024，49（7）：50-55.

［15］严燕，季国军，胡乃娟，等．长江下游稻田不同种植制度的碳足迹分析［J］．长江流域资源与环境，2024，33（7）：1462-1473.

［16］杨继．二氧化碳产品碳足迹计算及减排策略［J］．能源化工，2022，43（6）：12-17.

［17］杨明．基于本体的产品碳足迹分析与计算平台研究与实现［D］．杭州：浙江农林大学，2018.

［18］张浩，刘芳芳，付睿洋，等．基于碳足迹的医学生低碳校园行为研究［J］．中国资源综合利用，2024，42（7）：241-243.

［19］张欣怡，李灵芝，张磊，等．现代木结构建筑全生命周期碳足迹评价研究进展［J］．南京工业大学学报（自然科学版），2024，46（4）：387-396.

附录　参考答案

第二章

1. 《京都议定书》中规定控制的 6 种温室气体为：二氧化碳（CO_2）、甲烷（CH_4）、氧化亚氮（N_2O）、氢氟碳化合物（HFCs）、全氟碳化合物（PFCs）以及六氟化硫（SF_6）。

2. CO_2 的来源分为自然源和人为源两种。自然源包括动植物呼吸作用、岩浆海洋脱气以及生物腐败等；人为源是指人类活动造成的 CO_2 排放，包括化石和生物质燃料燃烧、水泥生产、石灰生产等人类活动。CH_4 的来源也分为自然源和人为源，自然源主要来自湿地和白蚁；人为源包括畜禽养殖、水稻种植、垃圾填埋、化石燃料开采等。N_2O 通过海洋、土壤、生物质燃料燃烧和化肥使用等自然源或人为源排入大气。

3. 含卤温室气体主要包括六氟化硫、全氟碳化合物、氯氟碳化合物、三氟化氮、氢氯氟碳化合物和氢氟碳化合物等。含卤温室气体几乎完全由人工合成并排放，其主要来源包括：制冷和空调设备、发泡剂、金属冶炼、电力设备、半导体制造等。

4. 温室气体监测方法主要包括地面观测站实时监测方法、遥感监测方法和实验室离线测定方法。

5. 温室气体检测技术主要包括非分散红外光谱技术、气相色谱分析技术、可调谐半导体激光吸收光谱技术、光腔衰荡技术、激光差分中红外技术、傅里叶变换红外光谱技术。

6. 温室效应是太阳短波辐射可以透过大气射入地面，而地面增暖后放出的长波辐射却被大气中的 CO_2 等温室气体所吸收，从而产生大气变暖的效应。地面接收到逆辐射后会因此升温，大气对地面的这种保温作用便是大气温室效

143

应的原理。

7. 全球气候变暖会对环境带来以下影响：极地冰盖和冰川的融化，包括北极海冰减少、南极冰盖变化、山地冰川退缩、海平面上升、生态系统变化；极端天气事件的增加，包括极端高温、干旱、极端降水、全球洪水频发；生物多样性的变化，包括物种分布和栖息地改变、物种灭绝风险增加、生态系统结构和功能改变、生物多样性丧失的连锁反应；对海洋的影响，包括海洋热量上升（暖化）、海水 pH 值下降（酸化）和海水溶解氧降低（缺氧）。

8. 全球气候变暖会对社会经济造成的影响包括：影响农业和粮食安全；直接和间接影响人类健康；影响水资源管理。

第三章

1. 碳达峰指的是一个地区或国家的 CO_2 排放总量在某一个时间点达到历史峰值，然后开始平缓波动，再逐渐稳步回落。碳中和指通过各种减排措施和碳汇活动，使得一个国家或地区的温室气体排放量等于或小于该地区或国家自然环境能够吸收的总量，也就是说达到了碳排放与吸收平衡，实现净排放量为零的状态。碳中和是碳达峰的目的，而碳达峰是碳中和实现的前提。

2. 净零排放是指以特定基准年的温室气体排放量为参照，通过系统性减排措施（如能源结构转型、工业流程优化、能效提升等），在一定时间范围内持续降低各类人为活动产生的温室气体排放；对于技术或经济层面暂无法避免的残余排放，需通过生态碳汇（如森林／湿地固碳）、工程碳移除（如直接空气碳捕集与封存）和负排放技术（如生物质能碳捕集与封存）等方式，从大气中移除等量的温室气体，最终实现人为排放与人为移除的动态平衡，使大气中温室气体净增量为零。

3. 零碳产业是指在生产和消费过程中实现碳排放最小化或无碳化的产业。

4. 碳核算是企业或组织对其一定边界内的活动直接和间接产生的温室气体进行量化的过程，又称温室气体核算。碳核算可以分为几个不同的范围：①直接排放范围，指企业拥有或控制的排放源所产生的温室气体排放，如企业自有车辆的燃油排放或生产过程中的直接排放；②间接排放范围，指企业购买的电力、热能或蒸汽等能源在使用过程中产生的排放；③其他间接排放范围，指企业在价值链上下游活动中产生的排放，如原材料的提取和加工、产品使用、员工通勤、废物处理等过程中的排放。

5. 碳核算的目的是帮助企业了解其运营对气候变化的影响，并采取相应的措施来减少这些影响。通过碳核算，企业可以识别排放热点，设定减排目标，制定和实施减排策略，并向利益相关者报告其环境绩效。

6. 碳足迹是指个体、组织、产品或国家在一定时间内直接或间接导致的 CO_2（以及其他温室气体，但 CO_2 是最主要的）排放总量。

7. 碳达峰碳中和是全球应对气候变化的重要手段。人们通过减少温室气体排放，特别是 CO_2 的排放，可以显著降低全球温度上升的速度和程度，从而减缓全球变暖的趋势。这有助于降低极端天气事件的发生频率和强度，如干旱、洪涝、台风等，减轻这些事件对人类社会和自然环境的影响。

8. 碳中和对长期气候稳定具有至关重要的作用，它意味着通过各种措施实现 CO_2 的净零排放，以减缓全球变暖和气候变化的速度。具体作用体现在：减缓全球变暖、降低极端天气事件的风险、保护生态系统和生物多样性、促进可持续发展、提升适应能力和韧性、加强国际合作与领导力、提高公众意识。

9. 碳达峰碳中和的目标不仅有助于减缓气候变化，还能带来广泛的公共健康和生活质量的提升。其影响的具体表现在：改善空气质量、促进绿色交通、增加绿地空间、促进健康饮食、增强社区韧性、改善经济和社会福利、提升教育水平和意识。

10. 气候变化会造成海平面上升、极端天气事件的增加、生态系统的永久性改变、永久冻土的融化、海洋酸化、气候难民和经济损失。

11. 《联合国气候变化框架公约》《京都议定书》《巴黎协定》及 COP28 协议等。

12. 影响碳中和目标设定的因素包括经济结构、能源资源状况、技术水平、政策法规、社会因素、国际压力与合作。

13. 芬兰，2035 年；冰岛、奥地利，2040 年；瑞典，2045 年；英国、哥斯达黎加、瑞士、挪威、日本、韩国、加拿大、马绍尔群岛、新西兰、智利、南非、斐济、德国，2050 年；中国，2060 年。

14. 碳达峰碳中和目标的实现面临着经济、技术、社会等多个方面的挑战，包括：经济转型的挑战、技术创新和资金投入的需求、社会接受度和政策执行的障碍。

15. 碳达峰碳中和目标的实现在社会接受度方面的障碍包括公众认知不足、经济负担担忧、就业市场变化、生活方式改变。

16. 碳达峰碳中和目标的实现在政策执行方面的障碍包括政策协调有难度、地方利益冲突、监管能力不足、国际合作挑战。

17. 中国在全球气候治理中的地位：中国是全球气候治理中的引领者、中国是全球气候治理中最大的发展中国家、中国是全球气候治理中的减排主力军、中国是全球气候治理中重要的技术贡献者；中国在全球气候治理中承担的责任：国内减排行动、国际合作推动、资金和技术支持、理念传播。

18. 中国碳达峰碳中和目标的提出，是基于对国内外形势的深入分析和对国家长远发展战略的考虑。这一目标不仅是对全球气候变化挑战的响应，还是推动国内经济高质量发展、促进生态文明建设的内在要求。

19. 碳达峰碳中和目标的提出对国家发展的意义体现在推动经济结构优化升级、促进技术创新与产业升级、提高能源安全与自给率、提升国际形象与软实力、改善生态环境与人民福祉、促进国际合作与共赢。

20. "1"指的是《中共中央　国务院关于完整准确全面贯彻新发展理念做好碳达峰碳中和工作的意见》（2021 年 9 月发布）。这是指导我国实施双碳目标的最高政策文件，将会对各行业、各领域的配套措施进行政策导向和支持。"N"则是指国务院印发的《2030 年前碳达峰行动方案》（2021 年 10 月发布）为首的一系列政策措施，包括能源、工业、交通运输、城乡建设等分领域分行业碳达峰实施方案，以及科技支撑、能源保障、碳汇能力、财政金融价格政策、标准计量体系、督察考核等保障方案。这些政策文件共同构成了目标明确、分工合理、措施有力、衔接有序的碳达峰碳中和政策体系。

21. 我国在能源结构调整方面采取的措施包括：推进煤炭消费替代和转型升级、大力发展新能源、提升能源利用效率、加强能源储运调峰体系建设、加快规划建设新型能源体系。

22. 查阅文献，进行相关综述。

23. 中国政府采取的主要途径包括：加强宣传教育、推广绿色低碳生活方式、加强教育培训、推动公众参与、强化政策引导等。

24. 中国碳核算体系建设包括：统一规范的碳排放统计核算体系、碳核算方法的探索与实践、碳足迹核算报告、发展全国碳市场、形成碳核算标准体系、建设碳核算数据库。

第四章

1. 碳汇指的是从大气中清除 CO_2 等温室气体的过程、活动或机制。一般可分为自然碳汇和人造碳汇两大类。

2. 森林固碳是指森林生态系统通过光合作用，将大气中的 CO_2 转化为有机物质，还将其储存在植物的生物量中，包括树干、树枝、树叶以及根系。

3. 森林固碳的动态过程可以从初始阶段（或干扰后的再生阶段）、逻辑斯蒂生长阶段、成熟阶段、过熟阶段来进行描述。

4. 可持续林业实践措施主要包括：减少砍伐、植树造林、选择性采伐、促进天然再生、建立森林保护区。

5. 常用的森林固碳监测方法和技术主要包括：地面调查法、遥感技术法和模型模拟法等。

6. 草原生态系统通过植被生长、残体分解和土壤碳储存等过程，有效地固定大气中的 CO_2。

7. 草原生态系统的碳储存过程包括：地上生物量与碳固定、地下生物量与碳固定、草原土壤碳固定等。

8. 草原固碳的监测方法包括：直接测量法、间接测量法、稳定同位素技术、模型模拟法、卫星遥感技术法、土壤碳测量法等。

9. 草原固碳潜力的评估主要步骤包括：定义研究区域、数据收集、进行实地测量、使用模型预测、数据分析与解释、结果分析与应用、监测与反馈等。

10. CCS（Carbon Capture and Storage）技术是指 CO_2 捕集和封存技术。CCUS（Carbon Capture，Utilization and Storage）技术是指 CO_2 捕集、利用与封存技术。

11. 碳捕集是指将 CO_2 从工业生产、能源利用或大气中分离出来的过程。

12. 燃烧前碳捕集与封存技术是指在碳基燃料进行燃烧之前，先提取其化学能量，并分离出碳与其他能量载体，实现了在燃料使用前对碳的有效捕集。主要步骤包括：燃料的气化、水煤气变换反应、CO_2 的捕集、氢气的利用、CO_2 的封存等。

13. 富氧燃烧碳捕集技术是利用空分设备获得富氧或纯氧，再让其与燃料共同进入专门的纯氧燃烧炉进行燃烧。这种技术产生的烟气成分主要包含水和 CO_2，水被分离后，后端的高浓度 CO_2 被捕集和封存。主要步骤包括：氧气的提取、燃料的燃烧、烟气组成、CO_2 的捕集、水蒸气的冷凝、CO_2 的压缩和储存、热能回收等。

14. 燃烧后碳捕集技术是指通过化学或物理方法从烟气中分离出 CO_2 的技术。

15. 燃烧后碳捕集技术常用的方法有：化学吸收法、吸附法、膜分离技术等。

16. 在化学吸收法中，烟气先通过一个含有化学吸收剂的吸收塔，吸收剂与 CO_2 反应，形成稳定的化合物，从而实现 CO_2 的捕集。

17. 吸附法是指利用吸附剂与 CO_2 分子之间的物理或化学作用力，实现对 CO_2 的选择性吸附。

18. 膜分离技术是指使用选择性膜从气流中分离 CO_2 成分以达到捕集 CO_2 效果。

19. 碳输送是指将捕集后的 CO_2 运送到可利用或封存场地的过程。CO_2 输送方式主要有：管道输送、公路槽车输送、铁路槽车输送、船舶输送等。

20. 碳的封存是指将大型排放源产生的 CO_2 捕集、压缩后输送到选定地点长期封存。碳的封存包括地质封存和海洋封存。

21. 地质封存是指利用类似自然界中地质封存天然气等气体的原理，将 CO_2 注入地下岩石结构中，通过物理和化学俘获机理实现永久封存。地质封存主要方法有：深部咸水层封存、枯竭油气田封存、陆上咸水层封存等。

22. 海洋封存是通过将 CO_2 以某种方式转移到海洋中，并长期储存，以减少大气中温室气体的含量。海洋封存主要方法有：液态封存法、固态封存法、CO_2 水合物封存法、深海直接注入、海洋施肥法（间接法）、CO_2 溶解法等。

23. 碳的地质利用主要是指将捕集的 CO_2 注入地下地质体中，利用地质条件进行长期储存或提高资源开采效率。主要技术有：CO_2 强化石油开采技术（CO_2-EOR 技术）、CO_2 驱替煤层气技术（CO_2-ECBM 技术）、CO_2 强化天然气开采技术（CO_2-EGR 技术）、CO_2 增强页岩气开采技术（CO_2-ESGR 技术）、CO_2 增强地热系统技术（CO_2-EGS 技术）、CO_2 铀矿地浸开采技术、CO_2 强化深部咸水开采技术（CO_2-EWR 技术）等。

24. CO_2 强化石油开采技术是指将 CO_2 注入已经部分枯竭的油藏中，利用 CO_2 的物理性质来增加原油的流动性并驱出更多的石油，同时实现 CO_2 的地质封存。

25. 矿物碳酸化技术是一种将 CO_2 转化为碳酸盐的化学固碳技术。其原理主要是基于 CO_2 与碱性金属氧化物或硅酸盐矿物的反应，生成相应的碳酸盐，形成具有工业价值的碳酸盐产品。其方法主要包括直接干法碳酸化、直接湿法碳酸化以及间接碳酸化等。

26. CO_2 转化途径主要有：转化为能源化学品、食品、工业产品等。

27. CO_2 甲烷化反应是将温室气体 CO_2 与 H_2 转化为 CH_4，其反应方程式为：

$$CO_2 + 4H_2 \Longrightarrow CH_4 + 2H_2O$$

28. 电催化的优点包括：①通过调节电势和反应温度，可以控制反应过程；②电解质可以循环使用，实质上消耗的是水，即水和 CO_2 的一系列反应；③电催化的反应装置十分紧凑、模块化且易于放大。

29. 工业上由 NH_3 与 CO_2 直接合成尿素的原理如下：

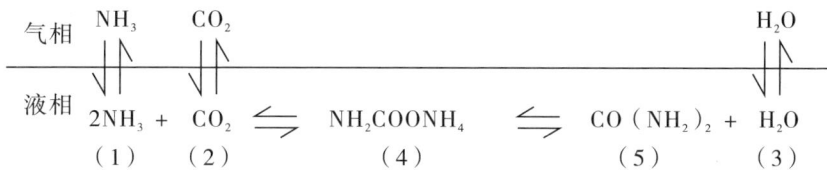

步骤主要包括：① NH_3 与 CO_2 的原料供应及净化；② NH_3 与 CO_2 合成尿素，尿素熔融液与未反应物质的分离和回收；（3）尿素溶液的加工。

30. 化学固碳技术在实际应用中主要面临成本问题、技术成熟度、环境影响、资源化利用效率等方面的挑战。

第五章

1. 碳足迹指在人类生产和消费活动中所排放的与气候变化相关的气体总量。

2. 碳足迹按应用层面可分为国家/区域碳足迹、组织/企业碳足迹、产品碳足迹、个人/家庭碳足迹；按特定部门或领域可分为能源领域碳足迹、工业领域碳足迹、交通领域碳足迹、农业领域碳足迹。

3. 碳足迹认证是一个对产品、服务、组织或个人的温室气体排放量进行量化、评估和验证的过程，通常由专业的认证机构按照特定的标准和方法进行。

4. 碳足迹认证的意义：应对气候变化，促进节能减排与降低成本，增强市场竞争力，推动技术创新与绿色发展，支持国家绿色政策与项目。

5. 产品碳足迹是指某个产品在其整个生命周期中，包括原材料获取、生产、运输、销售、使用以及废弃处理等阶段，直接和间接产生的温室气体排放总量。

6. 促进节能减排与降低成本，增强市场竞争力，推动技术创新与绿色发展，支持国家绿色政策与项目。

7. 温室气体核算体系是一套国际上广泛认可的温室气体会计和报告标准。该体系由世界资源研究所和世界可持续发展工商理事会联合开发，旨在为政府、企业和其他组织提供一个清晰、一致的框架来量化和管理其温室气体排放。其核心架构包括核算标准、核算方法以及报告要求等关键组成部分。

8. CO_2 气体排放核算方法包括：排放因子法和质量平衡法，CO_2 气体排放核算方法包括：排放因子法和质量平衡法。排放因子法：排放量＝活动数据×排放因子；质量平衡法：排放量＝输入物料含碳量总和－输出物料（包括产品和副产品）含碳量总和。

9. 企业基本信息、碳排放核算范围和方法、排放量核算过程、不确定性分析。

10. 企业（单位）CO_2 气体排放核算步骤：①确定核算边界；②收集活动水平数据；③选择排放因子；④计算排放量。

11. 产品碳足迹认证过程的步骤包括：①建立生命周期流程图；②确定边界和优先事项；③数据收集；④计算碳足迹；⑤检验不确定度。

12. 产品碳足迹的计算公式是整个产品生命周期中所有活动的所有材料、能源和废物乘以其排放因子后再加和。计算公式为：$CF = \sum_{i=1, j=1}^{n} P_i \cdot Q_{ij} \cdot GWP_j$，其中，$CF$ 为碳足迹，P 为活动水平数据，Q 为排放因子，GWP 为全球变暖潜势。排放因子源于 CLCD 数据库和相关文献，部分物料由于数据库中暂无排放因子，其排放因子取值均来自相近物料排放因子。

13. 国际标准：ISO 14067；国内标准：GB/T 24067—2024；温室气体核算体系。

14. 交通运输的碳足迹通常以每人每行驶 1 km 所排放的 CO_2 当量来衡量，这一指标涵盖了 CO_2 以及其他温室气体的排放量。

15. 略。从"衣、食、住、行、用"多方面考虑，合理即可。

16. 碳普惠是一种探索市场化机制推动居民生活减排的方式，它以积分的形式核证减碳量，这些减碳量可用于交易、兑换商业优惠或获取政策指标。

17. 推行碳普惠制（即通过减碳量来体现居民的低碳权益，对资源占用少或对低碳城市建设作出贡献的居民给予价值激励，旨在利用市场配置推动社会各阶层积极参与节能减排，共同构建低碳社会）和个人碳账户（即各地政府不断推出手机应用 App、微信或支付宝小程序等数字化工具，以形成个人碳账户，深入推进个人碳减排工作的开展，旨在记录广大民众"衣、食、住、行、用"等个人活动的碳减排情况）。